21 Lecciones
Lo Que He Aprendido Al Caer En La Madriguera De Bitcoin

Gigi

21 Lessons
What I've Learned From Falling Down the Bitcoin Rabbit Hole

Primera edición. Versión 0.311-e, git commit 7a7b71d.

Copyright 2018-2020 Gigi / @dergigi / dergigi.com

Este libro y sus versiones en línea son distribuidas bajo las condiciones del Derecho de Autor atribuidas a la Licencia de Reconocimiento 4.0 Internacional. Una copia en referencia a esta licencia se puede encontrar en la página oficial de Creative Commons.[1]
ISBN: 9798361356737

---

[1] https://creativecommons.org/licenses/by-sa/4.0

Dedicado a mi esposa, a mi hija,
y a todos los niños de este mundo.
Que Bitcoin les sea de utilidad y les
provea de la visión de un futuro
digno de luchar por él.

Prólogo

Algunos le llaman una experiencia religiosa. Otros le llaman Bitcoin.

Conocí a Gigi por primera vez en uno de mis hogares espirituales – Riga, Latvia – el hogar de La Conferencia Báltica de Honey Badger, a donde los devotos más fervientes de Bitcoin hacen su peregrinaje cada año. Después de una profunda conversación que tuvimos durante la hora de la comida, el lazo que formamos Gigi y yo fue grabado en piedra, tal como una transacción de Bitcoin que fue procesada cuando nos dimos la mano por primera vez al saludarnos algunas horas antes.

Mi otro hogar espiritual, La Iglesia de Cristo, Oxford, en donde tuve el privilegio de estudiar mi Maestría en Administración de Empresas, fue en donde experimenté por primera vez la "Madriguera del Conejo". Al igual que Gigi, trascendí los reinos económicos, tecnológicos, y sociales, y estaba espiritualmente arropado por Bitcoin. Después de haber comprado "a la alta" en la burbuja del 2013, hubieron varias lecciones extremadamente difíciles de aprender en el implacablemente demoledor, y aparentemente infinito mercado bajista que duró 3 años. Estas 21 Lecciones, de hecho, me hubieran podido ayudar mucho en aquel entonces. Muchas de esas lecciones son simplemente verdades naturales que, para el no iniciado, son oscurecidas por un film opaco y frágil.

Hacia el final de este libro, sin embargo, la fachada se hace añicos de manera feroz. En una noche clara y cristalina en Oxford al final de Agosto del 2016, tan sólo a unas cuantas semanas después de que un cuchillo se retorció dentro de mi corazón una vez más cuando la casa de cambio Bitfinex fue jaqueada, me senté parecía ser una vida de tortura; no por la pérdida financiera que sufrí, sino por la aplastante pérdida espiritual que me hizo sentir aislado en a contemplar serenamente el Jardín del Maestro en la Iglesia de Cristo. Los tiempos eran difíciles, y yo estaba a punto de desmoronarme mental y emocionalmente después de lo que mi propia visión del mundo. Si tan sólo hubieran existido recursos como este en aquellos momentos, que me hubieran hecho ver que yo no estaba solo. El Jardín del Maestro es un lugar muy especial para mí, y para muchos otros quienes vinieron antes de mí a través de los siglos. Fue allí en donde un Charles Dodgson, maestro de Matemáticas de la Iglesia de Cristo, observó a una de sus jóvenes alumnas, Alice Liddell, la hija del Decano de la Iglesia de Cristo. Dodgson, mejor conocido por su nombre de escritor, Lewis Carroll, usó a Alicia y a El Jardín como su inspiración, y en la magia de ese césped sagrado, me quedé observando profundamente el cripto-abismo, y el cripto-abismo me observó de vuelta como una llamarada, aniquilando mi arrogancia, y dando una bofetada a mi orgullo personal… Me sentí finalmente en paz.

    21 Lecciones te lleva a un verdadero viaje de Bitcoin; no sólo a un viaje de filosofía, de tecnología, y de economía, sino a un viaje del alma.

    Al adentrarte más profundamente en la filosofía escuetamente presentada en 7 de las 21 lecciones, uno puede ir tan lejos hasta entender el origen de todos los seres, si les dedicas suficiente tiempo y contemplación. Sus 7 lecciones en economía capturan, en pocas palabras, como estamos todos a la misericordia financiera de un pequeño grupo de Sombrereros Locos, y como ellos exitosamente se las han arreglado para poner unas persianas en nuestras mentes, en nuestros corazones, y en nuestras almas.

Las 7 lecciones en tecnología despliegan la belleza y la tecnológicamente-Darwiniana perfección de Bitcoin. Siendo yo un Bitcoiner no técnico, las lecciones proveen una revisión destacada de la naturaleza tecnológica subyacente de Bitcoin, y de hecho, de la naturaleza de la tecnología en sí misma.

    En esta experiencia transitoria que llamamos vida, todos vivimos, amamos, y aprendemos. Pero ¿qué es la vida sino un récord de eventos estampados en el tiempo?

    Conquistar la montaña de Bitcoin no es fácil. Las falsas cumbres son abundantes, las rocas son filosas, y las grietas y hendiduras se extienden en espera de poder tragarnos. Después de leer este libro, tú verás que Gigi es el Sherpa supremo, y que yo lo apreciaré por siempre.

Hass McCook
Noviembre 29, 2019

"¿Me podrías indicar por favor hacia dónde tengo que ir desde aquí?"

" Eso depende en gran parte del punto a donde quieras ir"

"Me da casi igual a dónde –"

"Entonces no importa qué camino sigas".

– Lewis Carroll, *Alicia en El País De Las Maravillas*

Contenido

I Filosofía
1 Inmutabilidad y Cambio
2 La Escasez de la Escasez
3 Duplicación y Localidad
4 El Problema de la Identidad
5 Una Concepción Inmaculada
6 El poder de la libertad de expresión
7 Los Límites del Conocimiento

II Economía
8 Ignorancia Financiera
9 Inflación
10 Valor
11 Dinero
12 La Historia y la Caída del Dinero
13 La Locura de La Reserva Fraccionaria
14 Dinero Sonante

III Tecnología
15 La Fuerza de los Números
16 Reflexiones en "No Confíes, Verifica"
17 Decir Qué Hora Es, Requiere de Trabajo
18 Muévete Lentamente, y No Rompas Cosas
19 La Privacidad No ha Muerto
20 Los Ciberpunks Escriben Código Fuente
21 Metáforas Para El Futuro de Bitcoin

III Reflexiones Finales

Acerca de Este Libro
(...y Acerca del Autor)

Este es un libro un poco fuera de lo común. Pero hey, Bitcoin tiene algo de lo que es una tecnología inusual, por lo tanto un libro inusual acerca de Bitcoin pudiera ser apropiado. No estoy seguro de si soy un tipo poco común (Me gusta pensar que soy un tipo normal) pero la historia de cómo este libro llegó a ser, y de cómo me convertí en un autor, es digna de ser contada.

Antes que todo, no soy un escritor. Soy un ingeniero. No estudié licenciatura en Letras. Estudié código y codificación. En segundo lugar, yo nunca intenté escribir un libro, y mucho menos un libro acerca de Bitcoin. ¡Caramba! ni siquiera es el Inglés mi lengua nativa.[2] Yo solo soy un tipo a quien le pegó el bicho de Bitcoin, y duro.

¿Quién soy yo para escribir un libro acerca de Bitcoin? Es una buena pregunta. La respuesta corta es fácil: Soy Gigi, y soy un Bitcoiner.

La respuesta larga es un poco más matizada.

Mis antecedentes son en informática y desarrollo de software. En mi vida anterior, fui parte de un equipo de investigación que trató de hacer que las computadoras pensaran y razonaran, entre otras cosas. Y en una vida previa a la anterior, escribí software para el procesamiento automático de pasaportes y asuntos relacionados con ello, lo cual es aún más aterrador. Sé una que otra cosa acerca de computadoras y de nuestro mundo interconectado, así es que creo que tengo un poco de ventaja para poder entender el lado técnico de Bitcoin. Sin embargo, como trato de esbozar en este libro, el lado tecnológico de las cosas es tan sólo una diminuta astilla de la bestia que es Bitcoin. Y cada una de esas astillas es importante. Este libro se ha creado debido a una simple pregunta: "*¿Qué has aprendido de Bitcoin?*" Traté de contestar esta pregunta en un solo tweet. Entonces el tweet se convirtió en una tormenta de tweets. La tormenta de tweets se convirtió en un artículo. El artículo se convirtió en tres artículos. Tres artículos se convirtieron en 21 Lecciones, y 21

---

[2] La razón por la que estoy escribiendo estas palabras (de la edición original) en Inglés, es porque mi cerebro funciona de manera misteriosa. Cada vez que surge algo técnico, cambia al modo Inglés.

Lecciones se convirtieron en este libro. Así que supongo que soy realmente muy malo en condensar mis pensamientos en un solo tweet.

"*¿Por qué escribir este libro?*", tal vez te preguntes. Otra vez, hay una respuesta corta y una larga. La respuesta corta es que simplemente tenía que hacerlo. Yo estaba (y aún estoy) poseído por Bitcoin. Lo encuentro infinitamente fascinante. Parece que no puedo dejar de pensar en él y en las consecuencias que tendrá en nuestra sociedad global. La respuesta larga es que creo que Bitcoin es el invento absolutamente más importante de nuestros tiempos, y más gente necesita entender la naturaleza de este invento. Bitcoin es todavía uno de los fenómenos más mal interpretados de nuestro mundo moderno, y me tomó años el entender en su totalidad la seriedad de esta tecnología extraterrestre. El darse cuenta de lo que es Bitcoin y de cómo transformará nuestra sociedad, es una experiencia profunda. Espero sembrar en tu cabeza las semillas que posiblemente te llevarán a entender esto. Mientras esta sección se titula "Acerca de Este Libro (...y Acerca del Autor)", en el gran esquema de las cosas, este libro, quién soy, y lo que yo hice, realmente no importa. Yo soy sólo un nodo en la red, tanto literalmente, como de manera figurada. Además, no deberías confiar en lo que estoy diciendo, de todos modos. Así como a los Bitcoiners nos gusta decir: investígalo por ti mismo, y lo más importante: no confíes, verifica.

Me esforcé al máximo en hacer mi tarea, y en proveer recursos en abundancia para ti, estimado lector, para que puedas sumergirte en ellos. Además de las notas al pie de página y las citas en este libro, trato de mantener una lista actualizada de recursos en 21lessons.com/rabbithole y en bitcoin-resources.com,
los cuales también enumeran muchos otros recursos seleccionados, libros, y podcasts que te ayudarán a entender lo que es Bitcoin.
En pocas palabras, este es simplemente un libro acerca de Bitcoin, escrito por un bitcoiner. Bitcoin no necesita este libro, y tú probablemente no necesitas este libro para entender a Bitcoin. Creo que Bitcoin será entendido por ti tan pronto como *tú* estés listo, y también creo que las primeras fracciones de Bitcoin te encontrarán tan pronto como estés listo para recibirlas. En esencia, todos obtendrán Bitcoin exactamente en el momento adecuado. Mientras tanto, Bitcoin simplemente es, y eso es suficiente.[3]

---

[3] Beautyon, Bitcoin is. And that is enough. [7]

Prefacio

El caer en la madriguera de Bitcoin es una experiencia extraña. Al igual que muchas otras personas, siento que he aprendido más en los dos últimos años de estudiar a Bitcoin, de lo que aprendí durante dos décadas de educación oficial.

Las lecciones siguientes son un extracto de lo que he aprendido. Primero publicado como una serie de artículos titulada *"Lo Que He Aprendido de Bitcoin"*, lo que sigue a continuación puede ser visto como una tercera edición de la serie original.

Como Bitcoin, estas lecciones no son una cosa estática. Yo planeo trabajar en ellas periódicamente, publicando versiones actualizadas y material adicional en el futuro.

A diferencia de Bitcoin, las versiones futuras de este proyecto no tienen que ser compatibles con la versión anterior. Algunas lecciones podrán ser ampliadas, otras tal vez sean reelaboradas nuevamente o reemplazadas.

Bitcoin es un maestro inexhaustible, razón por la cual no afirmo que estas lecciones lo abarcan todo, o sean completas. Son una reflexión de mi viaje personal dentro de la madriguera del conejo. Hay muchas más lecciones que aprender, y cada persona aprenderá algo diferente por haber entrado al mundo de Bitcoin.

Espero que encuentres estas lecciones útiles, y que el proceso de aprenderlas por medio de la lectura no sea tan ardua y dolorosa como el aprenderlas de primera mano.

21 Lecciones

"¡Oh tú, tonta Alicia!" dijo ella otra vez.
"¿Cómo puedes aprender lecciones aquí adentro?"
¿Por qué? ¡Si casi no hay lugar para tí en este lugar, y no hay lugar en absoluto para libros de texto!"
– Lewis Carroll, *Alicia en El País De Las Maravillas*.

Introducción

"Pero no quiero andar entre gente loca", Alicia comentó. "Oh, no puedes evitarlo", dijo el Gato: "todos estamos locos aquí". Yo estoy loco. Tú estás loca. "¿Cómo sabes que estoy loca?" dijo Alicia. "Debes estarlo", dijo el Gato, "o no habrías venido aquí".
– Lewis Carroll, *Alicia en El País De Las Maravillas*

En Octubre del 2018, Arjun Balaji preguntó la pregunta inofensiva, *¿Que has aprendido de Bitcoin?* Después de intentar contestar su pregunta en un corto tweet, y fallar miserablemente, me dí cuenta de que las cosas que he aprendido son demasiado numerosas como para poder contestar rápidamente, en caso de poder contestarle en absoluto.

Las cosas que he aprendido son, obviamente, acerca de Bitcoin - o al menos relacionadas con él. Sin embargo, mientras que algunos de los mecanismos internos de Bitcoin son explicados, las siguientes lecciones no son una explicación de cómo funciona Bitcoin o de lo que que es, ellas tal vez, sin embargo, ayuden a explorar algunos de los temas que Bitcoin abarca: preguntas filosóficas, realidades económicas, e innovaciones tecnológicas.

Las *21 Lecciones* están estructuradas en grupos de siete, resultando en tres capítulos. Cada capítulo ve a Bitcoin a través de lentes diferentes, extrayendo aquellas lecciones que pueden ser aprendidas al inspeccionar esta extraña red desde un ángulo diferente.

Capítulo 1 explora las enseñanzas filosóficas de Bitcoin. La interacción entre inmutabilidad y cambio, el concepto de la verdadera escasez, la inmaculada concepción de Bitcoin, el problema de identidad, la contradicción de la replicación y localidad, el poder de la libertad de palabra, y los límites del conocimiento.

Capítulo 2 explora las enseñanzas económicas de Bitcoin. Lecciones acerca de la ignorancia financiera, inflación, valor, dinero y la historia del dinero, la banca de reserva fraccionaria, y cómo Bitcoin está reintroduciendo el dinero sonante de una manera astuta e indirecta.

Capítulo 3 explora algunas de las lecciones aprendidas al examinar la tecnología de Bitcoin. Por qué hay fuerza en los números, reflexiones acerca de la confianza, por qué el decir la hora requiere de trabajo, cómo el moverse lentamente y sin romper cosas es una característica y no un error, lo que la creación de Bitcoin puede decirnos acerca de la privacidad, por qué los Cypherpunks escriben código (y no leyes), y qué metáforas podrían ser útiles para explorar el futuro de Bitcoin.

Cada lección contiene varias citas y enlaces a través del texto. Si una idea es digna de explorarse en más detalle, puedes seguir los vínculos que te llevan a trabajos relacionados a ella en las notas al pie de página, o en la bibliografía.

Aún cuando el tener algo de conocimiento previo acerca de Bitcoin es benéfico, espero que estas lecciones puedan ser digeridas por cualquier lector curioso. Mientras algunas se relacionan entre sí, cada lección es capaz de sostenerse por sí misma, y puede ser leída independientemente. Hice lo mejor que pude para huir de la jerga técnica, aún cuando es inevitable el usar algunas veces un vocabulario específico en el tema.

Espero que mis escritos sirvan de inspiración a otros, para que caven bajo la superficie, y examinen algunas de las preguntas más profundas que plantea Bitcoin.

Mi propia inspiración vino de una multitud de autores y creadores de contenido a quienes les estoy eternamente agradecido.

Por último, pero no menos importante: mi objetivo al escribir esto no es convencerte de nada. Mi objetivo es hacerte pensar, y mostrarte que Bitcoin es mucho más de lo que parece. Ni siquiera puedo decirte lo que es Bitcoin o lo que Bitcoin te enseñará. Tú tendrás que averiguarlo por ti mismo.

"Después de esto, no hay vuelta atrás. Te tomas la píldora azul – la historia se acaba, te despiertas en tu cama y crees lo que quieras creer. Te tomas la píldora roja [4]– te quedas en El País de las Maravillas, y te enseñaré qué tan profunda es la madriguera del conejo".

– Morpheus

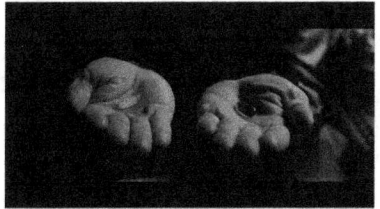

Ilustración 0.1* Recuerda: Todo lo que estoy ofreciendo es la verdad. Nada más.

---

[4] La píldora anaranjada.

Parte I

Filosofía

Filosofía

El ratón la miró de manera inquisitiva, y a ella le pareció que le guiñaba uno de sus pequeños ojos, pero el ratón no dijo nada.

– Lewis Carroll, *Alicia en El País De Las Maravillas*

Al mirar a Bitcoin por la superficie, uno puede concluir que es lento, despilfarrador, innecesariamente redundante, y demasiado paranoico. Al mirar a Bitcoin inquisitivamente, uno puede darse cuenta de que las cosas no son como aparentan ser a primera vista.

Bitcoin tiene una manera de tomar tus conjeturas y voltearlas de cabeza. Después de un rato, justo cuando estabas a punto de sentirte cómodo nuevamente, Bitcoin atravesará el muro como si fuera un toro en una tienda de porcelana china, y romperá tus conjeturas una vez más.

Ilustración 0.2: Monjes ciegos examinando el Toro Bitcoin

Bitcoin es un niño de muchas disciplinas. Como monjes ciegos examinando a un elefante, todo aquel que se aproxima a esta innovadora tecnología lo hace desde un ángulo distinto, y todos llegan a conclusiones diferentes acerca de la naturaleza de la bestia.

Las siguientes lecciones son algunas de mis conjeturas las cuales fueron destrozadas por Bitcoin, y las conclusiones a las cuales llegué. Preguntas filosóficas de inmutabilidad, escasez, localidad, e identidad, son exploradas en las cuatro primeras lecciones. Cada parte consiste de siete lecciones.

Parte I – Filosofía:

1. Inmutabilidad y cambio

2. La escasez de lo escaso

3. Replicación y localidad

4. El problema de identidad

5. Una concepción inmaculada

6. El poder de la libertad de expresión

7. Los límites del conocimiento

La lección 5 explora cómo la historia del origen de Bitcoin no es sólo fascinante, sino absolutamente esencial para un sistema libre de líderes. Las últimas dos lecciones de este capítulo exploran el poder de la libertad de expresión, y los límites de nuestro conocimiento individual, reflejado en la sorprendente profundidad de la madriguera del conejo de Bitcoin.

Espero encuentres el mundo de Bitcoin tan educativo, fascinante y entretenedor como lo encontré yo, y aún lo encuentro. Te invito a seguir al conejo blanco, y a explorar las profundidades de esta madriguera de conejo. Ahora, sujétate a tu reloj de bolsillo, baja, y disfruta la caída.

1 Inmutabilidad y Cambio

"Me pregunto si me han cambiado en la noche. Déjame pensar. ¿Era yo la misma cuando me levanté esta mañana?
Casi creo que puedo recordar sentirme un poco diferente. Pero si no soy la misma, la pregunta siguiente es '¿Quién diablos soy yo?' Ah,¡ese es el gran rompecabezas!"

– Alicia

Bitcoin es por naturaleza difícil de describir. Es algo nuevo, y cualquier intento de compararlo con conceptos anteriores – sea el llamarlo oro digital, o dinero del internet – está atado a quedarse corto en la definición de su totalidad. Cualquiera que sea tu analogía favorita, hay dos aspectos de Bitcoin que son absolutamente esenciales: descentralización e inmutabilidad.

Una forma de pensar en Bitcoin es como un contrato social automatizado.[5] El software es sólo una pieza del rompecabezas, y el esperar cambiar a Bitcoin mediante cambios hechos al software, es un ejercicio fútil. Uno tendría que convencer al resto de la red para que adopten los cambios, lo cual es más un esfuerzo psicológico que uno de ingeniería de software.

Lo siguiente puede sonar absurdo en un principio, así como tantas otras cosas en este espacio, pero creo que es profundamente cierto, sin embargo: Tú no cambiarás a Bitcoin, pero Bitcoin te cambiará a ti.
" Bitcoin nos cambiará más de lo que nosotros a él".

– Marty Bent[6]

---

[5] Hasu, Unpacking Bitcoin's Social Contract [32]

[6] Tales From the Crypt [10]

Me tomó mucho tiempo el darme cuenta de la profundidad de esto. Ya que Bitcoin es sólo un software, y todo este software es de código abierto, tú puedes simplemente cambiarlo a tu propia voluntad, ¿verdad? falso, muy falso. Como es lógico, el creador de Bitcoin sabía todo esto muy bien.

"La naturaleza de Bitcoin es tal que una vez que la versión 0.1 fue lanzada, el diseño del núcleo fue grabado en piedra por el resto de su existencia".

– Satoshi Nakamoto[7]

Mucha gente ha intentado cambiar la naturaleza de Bitcoin. Hasta ahora todos ellos han fallado. Mientras hay un mar interminable de forks (bifurcaciones) y Altcoins (criptomonedas que no son Bitcoin), el network de Bitcoin todavía hace lo suyo, tal y como lo hizo cuando el primer nodo se puso en línea. Las altcoins no importarán a largo plazo. Los forks eventualmente se morirán de hambre. Bitcoin es lo que importa. Mientras nuestro entendimiento fundamental de las matemáticas y/o la física no cambie, el Tejón de la miel continuará sin importarle lo que pase.

Bitcoin es el primer ejemplo de una nueva forma de vida. Él vive y respira en el internet. Vive porque él puede pagarle a la gente para que lo mantengan vivo. [...] No puede ser cambiado. No se puede argumentar con él. No puede ser manipulado. No puede ser corrompido. No se le puede detener. [...] Si una guerra nuclear destruyera la mitad de nuestro planeta, él continuaría viviendo, incorrupto".

– Ralph Merkle[8]

El latido del corazón del network de Bitcoin durará más que todos los nuestros.

El darme cuenta de lo anterior me cambió mucho más de lo que los blocks pasados del blockchain de Bitcoin lo harán jamás. Cambió mi preferencia de horario, mi entendimiento de la economía, mis puntos de

---

[7]BitcoinTalk forum post: 'Re: Transactions and Scripts...'[57]

[8] DAOs, Democracy and Governance, [44]

vista de la política, y mucho más. Diablos, incluso está cambiando las dietas de la gente.[9] Si todo esto te suena loco, estás en buena compañía. Todo esto es una locura, y sin embargo está sucediendo.

Bitcoin me enseñó que él no cambiará. Yo sí.

---

[9] Inside the World of the Bitcoin Carnivores, [59]

2 La Escasez de lo Escaso

"Eso es suficiente – espero que no creceré más…"
– Alicia

En general, el avance de la tecnología parece crear más abundancia de cosas. Más y más gente puede disfrutar hoy en día de lo que anteriormente han sido objetos de lujo. Pronto, todos nosotros viviremos como reyes. La mayoría de nosotros ya lo estamos haciendo. Como escribió Peter Diamandis en Abundancia [23]: "La tecnología es un mecanismo de liberación de recursos. Puede hacer de lo antes escaso, lo ahora abundante".

Bitcoin, que es una tecnología avanzada en sí misma, rompe con esta tendencia, y crea un nuevo producto el cual es verdaderamente escaso. Algunos inclusive argumentan que es una de las cosas más escasas en el universo. El suministro no puede ser inflado, no importa cuánto alguien decida esforzarse para crear más.

"Solo dos cosas son genuinamente escasas: el tiempo y Bitcoin".

– Saifedean Ammous[10]

Paradójicamente, lo hace mediante un mecanismo de copiado. Las transacciones son transmitidas, los blocks son propagados, el ledger distribuido es – bueno, adivinaste – distribuido. Todas esas son solo palabras adornadas para decir copiar. Es más, Bitcoin hasta se copia a sí mismo en tantas computadoras como pueda, incentivando a personas individuales para que corran nodos completos y minen nuevos blocks.
Toda esta duplicación trabaja maravillosamente de manera conjunta en un esfuerzo concentrado para producir escasez.

En una época de abundancia, Bitcoin me enseñó lo que es la verdadera escasez.

---

[10]Presentación del libro The Bitcoin Standard [1]

3 Duplicación y Localidad

A continuación vino una voz enojada – la del conejo – "¡Pat, Pat! ¿en dónde estás?"
– Lewis Carroll, *Alicia en El País De Las Maravillas*

Haciendo a un lado la mecánica cuántica, la localidad no es un problema en el mundo físico. La pregunta "¿En dónde se encuentra X?" puede ser contestada de forma significativa, no importa si X es una persona o un objeto. En el mundo digital, la pregunta de en dónde, ya es un asunto complicado, pero no imposible de contestar. ¿En dónde están tus emails realmente? Una mala respuesta sería "en la nube", la cual es simplemente la computadora de alguien más. Aun así, si tú quisieras localizar cada uno de los aparatos de almacenamiento que tienen tus emails guardados en ellos, en teoría, si podrías hacerlo.

Con Bitcoin, la pregunta de "en dónde", es realmente complicada. ¿En dónde exactamente, están tus Bitcoins?

"Abrí mis ojos, miré alrededor, y pregunté lo inevitable, la tradicional, la lamentablemente trillada pregunta postoperatoria: '¿En dónde estoy?'"

– Daniel Dennett[11]

El problema es doble: Primero, el ledger distribuido es distribuido mediante la replicación total, lo cual significa que el ledger está en todas partes. Segundo, no hay Bitcoins. No solo físicamente, sino técnicamente.

Bitcoin mantiene el registro de un conjunto de salidas de transacciones no gastadas, sin jamás tener que hacer referencia a una entidad que represente a Bitcoin.
La existencia de un bitcoin se deduce al mirar al conjunto de salidas de transacciones no gastadas, y llamando a cada entrada con 100 millones de unidades base, un bitcoin.

---

[11] Daniel Dennett, Where Am I? [21]

"¿En dónde se encuentra, en este momento, en tránsito? [...] Primero, no hay bitcoins. Simplemente no hay. Ellos no existen. Hay entradas en un ledger (libro mayor) que es compartido [...] Los bitcoins no existen en ninguna localidad física. El ledger existe en cada localidad física, esencialmente. La geografía no tiene sentido aquí – no te va a ayudar a descifrar tu política en este tema".

– Peter Van Valkenburgh[12]

Entonces, ¿qué es lo que realmente posees cuando dices "Yo tengo un bitcoin" si no hay bitcoins?" Bueno, ¿recuerdas todas esas palabras extrañas las cuales fuiste forzado a escribir por la cartera que usaste? Resulta ser que esas palabras mágicas son lo que posees: un hechizo mágico[13] el cual puede ser usado para agregar algunas entradas a el ledger público – las llaves para "mover" algunos bitcoins. Es por esto, a todos los efectos, que tus llaves privadas son tus bitcoins. Si crees que estoy inventando todo esto, no dudes en enviarme tus llaves privadas.

Bitcoin me enseñó que la localidad es un asunto complicado.

---

[12] Peter Van Valkenburgh on the What Bitcoin Did podcast, episodio 49 [74]

[13] The Magic Dust of Cryptography: How digital information is changing our society [30]

4 El Problema de la Identidad

"¿Quién eres tú?" preguntó la oruga.

– Lewis carroll, *Alicia en El País De Las Maravillas*

Nic Carter, en un homenaje al tratamiento que hace Thomas Nagel de la misma cuestión con respecto a un murciélago, escribió una pieza excelente la cual discute la siguiente pregunta: ¿cómo es ser un bitcoin? Él muestra brillantemente que los abiertos y públicos blockchains en general, y Bitcoin en particular, sufren de el mismo enigma que el barco de Teseo[14]: ¿Cuál Bitcoin es el verdadero Bitcoin?

"Considera la poca persistencia que tienen los componentes de Bitcoin. El código base en su totalidad ha sido reelaborado, alterado, y ampliado al grado que apenas se parece a su versión original. [...] El registro de quién es el dueño de qué, el ledger en sí mismo, es prácticamente el único rasgo persistente del network [...] Para poder ser considerado como verdaderamente sin líderes, se debe renunciar a la solución fácil de tener una entidad que pueda designar una cadena como la legítima".

– Nic Carter[15]

Parece que el avance de la tecnología continúa forzándonos a tomar esas preguntas filosóficas seriamente. Tarde o temprano, los carros de auto-conducción se enfrentarán a las versiones del mundo real de los problemas de los tranvías, forzándolos a tomar decisiones éticas acerca de las vidas de quiénes importan, y quiénes no.

---

[14] En la metafísica de la identidad, el barco de Theseus es un experimento mental que plantea la pregunta de si un objeto el cual ha tenido todos sus elementos reemplazados, sigue siendo fundamentalmente el mismo objeto.

[15] Nic Carter, ¿Cómo es ser un bitcoin? [19]

Las Criptomonedas, especialmente desde el primer polémico hard-fork, nos obligan a pensar en, y a estar de acuerdo con la metafísica de la identidad. Curiosamente, los dos ejemplos más grandes que tenemos hasta ahora, nos han llevado a dos respuestas diferentes. El 1 de Agosto del 2017, Bitcoin se dividió en dos bandos. El mercado decidió que la cadena inalterada es el Bitcoin original. Un año antes, el 25 de Octubre del 2016, Ethereum se dividió en dos bandos. El mercado decidió que la cadena *alterada* es el Ethereum original.

Si adecuadamente descentralizada, la pregunta planteada por el *Barco de Teseo* tendrá que ser respondida a perpetuidad mientras existan estas redes de transferencia de valor.

Bitcoin me enseñó que la descentralización contradice la identidad.

5 Una Concepción Inmaculada

"Sus cabezas han desaparecido", los soldados exclamaron en respuesta...

– Lewis Carroll, *Alicia en el País De Las Maravillas*

A todo el mundo le gusta una buena historia sobre el origen de algo. La historia del origen de Bitcoin es fascinante, y los detalles de ella son más importantes de lo que uno se pudiera imaginar en un principio. ¿Quién es Satoshi Nakamoto? ¿Fue él una persona, o un grupo de personas? ¿Fue él una mujer? ¿Un extraterrestre que viaja en el tiempo, o un IA avanzado? Dejando a un lado las teorías extravagantes, probablemente nunca lo sabremos. Y esto es importante.

Satoshi decidió mantenerse en el anonimato. Él plantó la semilla de Bitcoin. Anduvo entre nosotros el tiempo suficiente para asegurarse de que la red no moriría en su infancia.
Y entonces, se desvaneció.

Lo que parecería una extraña maniobra de anonimato, es de hecho crucial para un verdadero sistema descentralizado. No control centralizado. No autoridad centralizada. No inventor. Nadie a quien enjuiciar, torturar, chantajear, o extorsionar. Una concepción inmaculada de tecnología.

"Una de las cosas más grandes que hizo Satoshi fue desaparecer".

– Jimmy Song[16]

Desde el nacimiento de Bitcoin, miles de otras criptomonedas fueron creadas. Ninguno de estos clones comparten la historia de su origen. Si

---

[16] Jimmy Song, Why Bitcoin is Different [68]

quieres reemplazar a Bitcoin, tendrás que trascender la historia de su origen. En una guerra de ideas, las narrativas dictan la supervivencia.

"El oro fue primero transformado en joyería, y se utilizaba para el trueque hace más de 7,000 años. El resplandor cautivante del oro lo llevó a ser considerado como un regalo de los dioses".

– Austrian Mint[17]

Así como el oro en tiempos antiguos, Bitcoin puede ser considerado como un regalo de los dioses. A diferencia del oro, los orígenes de Bitcoin son muy humanos. Y esta vez, sabemos quiénes son los dioses de su desarrollo y mantenimiento: gente alrededor del mundo, anónimos o no.

Bitcoin me enseñó que las narrativas son importantes.

---

[17]The Austrian Mint, Gold: The Extraordinary Metal [46]

6 El Poder de la Libertad de Expresión

"¿Perdón?" dijo el ratón, frunciendo el ceño, pero muy amablemente, ¿habló usted?"

– Lewis Carroll, *Alicia en El País De Las Maravillas*

Bitcoin es una idea. Una idea la cual, en su estado actual, es la manifestación de una maquinaria impulsada exclusivamente por texto. Cada aspecto de Bitcoin es texto: El White Paper es texto. El software que es ejecutado por sus nodos es texto. El ledger es texto. Las transacciones son texto. Las llaves públicas y privadas son texto. Cada aspecto de Bitcoin es texto, y por lo tanto equivalente a un discurso.

"El Congreso no hará una ley con respecto al establecimiento de una religión, o que prohíba su libre ejercicio; o la limitación de la libertad de expresión, o de prensa; o el derecho de la gente a reunirse pacíficamente, y de solicitar al gobierno la reparación de agravios".

– Primera Enmienda de la Constitución de los Estados Unidos

Aunque la guerra final de las Guerras de Cripto[18] no se ha peleado todavía, va a ser muy difícil criminalizar una idea, y mucho menos una idea que está basada en el intercambio de mensajes de texto. Cada vez que un gobierno trata de criminalizar el texto o la voz, nos deslizamos por el camino del absurdo el cual inevitablemente conduce a abominaciones, como los números ilegales[19] y primicias ilegales[20].

---

[18] The Crypto Wars es un nombre casual que se le da a los intentos de los Estados Unidos y países aliados por menoscabar la inscripción.

[19] Un número ilegal es un número que representa información ilegal de poseer, pronunciar, propagar, o de lo contrario transmitir en una jurisdicción legal [84]

[20] Una primicia ilegal es una primicia numérica que representa información cuya posesión o distribución está prohibida en algunas jurisdicciones legales. Una de las primeras primicias ilegales fue encontrada en el 2001. Cuando interpretada de manera particular, esta describe un programa de computación que pasa por alto los derechos digitales del control usado en DVDs. La distribución de dicho programa en los Estados Unidos es ilegal bajo el Digital Millennium Copyright Act. Una primicia ilegal es una especie de número ilegal.[85]

Mientras exista una parte del mundo en donde la expresión sea libre así como en la *libertad*, Bitcoin es incontenible.

"No tiene sentido en ninguna transacción de Bitcoin el que Bitcoin dejara de ser texto. Es *todo texto*, todo el tiempo[...] Bitcoin es *texto*. Bitcoin es *discurso*. No puede ser regulado en un país libre como los Estados Unidos de Norteamérica, con derechos inalienables garantizados, y una Primera Enmienda que excluye explícitamente el acto de publicar algo supervisado por el gobierno".

– Beautyon[21]

Bitcoin me enseñó que en una sociedad libre, la libertad de expresión y el software libre son incontenibles.

---

[21] Beautyon, Why America can't regulate Bitcoin [8]

7 Los Límites Del Conocimiento

"Abajo, abajo, abajo. ¿Nunca llegará a su fin la caída?"

– Lewis Carroll, *Alicia en El País De Las Maravillas*

Entrar en Bitcoin es una experiencia que te hace humilde. Creí que tenía conocimiento de algunas cosas. Creí que era una persona educada. Pensé que conocía, por lo menos, mi carrera en computación. La estudié por años, así es que tengo que saber todo acerca de firmas digitales, hashes, codificación, seguridad operativa, y networks, ¿correcto?

Incorrecto.

Aprender todos los fundamentos que hacen que Bitcoin trabaje es difícil. El entenderlos a todos ellos profundamente, es casi imposible.

"Nadie ha encontrado el fondo de la madriguera de Bitcoin".

– Jameson Lopp[22]

Ilustración 7.1: La madriguera de Bitcoin no tiene fondo.

---

[22] Jameson Lopp, tweet de Nov 11, 2018 [41]

Mi lista de libros por leer se sigue extendiendo mucho más rápido de lo que podría leerlos.

La lista de papeles y artículos por leer es prácticamente interminable. Hay más podcasts sobre todos estos temas de lo que yo podría escuchar. Es realmente impresionante. Además, Bitcoin está evolucionando y es casi imposible mantenerse al día con el ritmo acelerado de su innovación.

El polvo de la primera capa no se ha asentado todavía, y la gente ya ha construido la segunda capa, y están trabajando en la tercera.

Bitcoin me enseñó que sé muy poco sobre casi todos los temas. Me enseñó que esta madriguera no tiene fondo.

Parte II

Economía

Economía

"Un gran rosal se encontraba cerca de la entrada del jardín: sus rosas eran blancas, pero habían tres jardineros en él, pintándolas afanosamente de rojo. Esto le pareció a Alicia muy curioso…"

– Lewis Carroll, *Alicia en El País de Las Maravillas*

El dinero no crece en los árboles. El creer que lo hace es una tontería, nuestros padres se aseguraron de que lo sepamos al repetirnos este dicho como si fuera un mantra. Somos alentados a usar el dinero responsablemente, a no gastarlo frívolamente, y a ahorrarlo en los buenos tiempos para ayudarnos en los malos. El dinero, después de todo, no crece en los árboles.

Bitcoin me enseño más sobre el dinero de lo que yo jamás pensé que necesitaría saber.
A través de él, me vi forzado a explorar la historia del dinero, la banca, varias escuelas del pensamiento económico, y muchas otras cosas. La búsqueda de la comprensión de Bitcoin me llevó por una multitud de caminos, algunos de los cuales trato de explorar en este capítulo.

En las primeras siete lecciones, se discuten algunas de las preguntas filosóficas que toca Bitcoin. Las siete lecciones siguientes examinarán más de cerca el dinero y la economía.

Parte II - Economía:

8. Ignorancia financiera
9. Inflación
10. Valor
11. Dinero
12. La historia y la caída del dinero
13. La locura de la reserva fraccionaria
14. Dinero sólido

Nuevamente, sólo podré escudriñar la superficie. Bitcoin no es sólo ambicioso, sino también tiene un alcance amplio y profundo, haciéndolo

imposible de cubrir en todos sus temas relevantes en una sola lección, ensayo, artículo, o libro.
Dudo que sea posible, de hecho.

Bitcoin es una nueva forma de dinero, el cual hace que sea primordial el aprender acerca de economía para poder entenderlo. Al tratar la naturaleza de la acción humana y las interacciones de los agentes económicos, la economía es probablemente una de las piezas más grandes y confusas del rompecabezas de Bitcoin.

Nuevamente, estas lecciones son una exploración de las diversas cosas que he aprendido de bitcoin. Ellas son un reflejo personal de mi viaje dentro de la madriguera del conejo. No teniendo un antecedente en Economía, me encuentro definitivamente fuera de mi zona de confort, y especialmente consciente de que cualquier entendimiento que pueda yo tener, es incompleto. Haré lo mejor que pueda por esbozar lo que he aprendido, aun a riesgo de hacer el ridículo. Después de todo, todavía estoy tratando de contestar la pregunta: *"¿Qué has aprendido de Bitcoin?"*.

Después de siete lecciones examinadas a través del lente de la filosofía, usemos el lente de la economía para observar a siete más. Una clase en economía es todo lo que puedo ofrecer esta vez. El destino final: *dinero sólido*.

8 Ignorancia Financiera

"¡Y qué ignorante niña pequeña pensará ella que soy por preguntar! No, no se puede preguntar: tal vez lo vea yo escrito en alguna parte".

– *Lewis Carroll, Alicia en El País de Las Maravillas*

Una de las cosas más sorprendentes para mí, fue la cantidad de información en finanzas, economía, y psicología que se requieren para poder percibir lo que a primera vista parece ser un sistema puramente *técnico* – una red informática. Parafraseando a un tipo pequeño de patas peludas: "Es un negocio peligroso Frodo, entrar en Bitcoin. Lees el whitepaper, y si no mantienes tus pies, no se sabe a dónde puedes ir a parar".

Para entender un nuevo sistema monetario, tienes que familiarizarte con el viejo. Empecé a darme cuenta muy pronto de que la cantidad de educación financiera que disfruté en el sistema educativo, fue esencialmente cero.

Como un niño de cinco años, empecé a preguntarme muchas preguntas: ¿Cómo funciona el sistema bancario? ¿Cómo funciona el mercado de valores? ¿Qué es el dinero fiat? ¿Qué es el dinero ordinario? ¿Por qué hay tanta deuda?[23] ¿Cuánto dinero se está imprimiendo en realidad, y quién decide eso?

---

[23] https://www.usdebtclock.org/

Después de un leve pánico por el alcance de mi ignorancia, encontré tranquilidad al darme cuenta de que estaba en buena compañía.

"No es irónico que Bitcoin me haya enseñado más acerca del dinero que todos los años que he pasado trabajando para instituciones financieras?... incluyendo el inicio de mi carrera en un banco central".

– Aaron[24]

"He aprendido más acerca de finanzas, economía, tecnología, criptografía, psicología humana, política, teoría del juego, legislación, y de mí mismo en los últimos tres meses de cripto, que en los tres años y medio en la universidad"

– Dunny[25]

Estas son sólo dos de las muchas confesiones que hay en twitter[26]. Bitcoin, como exploramos en la lección 1, es un ser vivo. Mises argumentó que la economía también es un ser vivo. Y como todos sabemos por experiencia personal, los seres vivos son intrínsecamente difíciles de entender.

"Un sistema científico no es mas que una estación en la búsqueda incesante del conocimiento, y se ve necesariamente afectado por la insuficiencia inherente a todo esfuerzo humano. Pero el reconocer estos hechos no significa que la economía actual está atrasada. Simplemente significa que la economía es un ser viviente – y el vivir implica tanto imperfección, como cambio.

---

[24] Aaron (@aarontaycc, @fiatminimalist), tweet de Dic. 12, 2018 [45]

[25] Dunny (@BitcoinDunny), tweet de Nov. 28, 2017 [24

[26] Ver http://bit.ly/btc-learned para más confesiones en twitter.

– Ludwig von Mises[27]

Todos leemos en las noticias acerca de varias crisis financieras, nos preguntamos cómo funcionan estos grandes rescates económicos, y nos extraña el hecho de que nunca nadie parece ser el responsable de los daños que ascienden a trillones. Todavía estoy desconcertado, pero por lo menos estoy empezando a tener un vistazo de lo que está pasando en el mundo de las finanzas.

Algunos llegan incluso a atribuir la ignorancia general sobre estos temas a una ignorancia sistemática y voluntaria. Mientras la historia, la física, biología, matemáticas, y las lenguas son todos parte de nuestra educación, el mundo del dinero y las finanzas sorpresivamente son explorados sólo en la superficie, si es que llegamos a hacerlo. Me pregunto si la gente todavía querría acumular tanta deuda como lo han hecho hasta ahora, si todos se educaran en las finanzas personales y el funcionamiento del dinero y la deuda. Entonces me pregunto cuántas capas hacen un buen sombrero de papel aluminio. Probablemente tres.

"Esas crisis, esos rescates económicos, no son accidentes. Y tampoco es un accidente el que no provean educación financiera en las escuelas. [...] Es premeditado. Tal y como antes de la guerra civil era ilegal educar a un esclavo, a nosotros no se nos permite aprender acerca del dinero en la escuela".

– Robert Kiyosaki[28]

Como en El Mago de Oz, se nos dice que no prestemos atención a el hombre detrás de la cortina. A diferencia de El Mago de Oz, ahora

---

[27] Ludwig von Mises, Human Action [47]

[28] Robert Kiyosaki, Porqué Los Ricos se Están Haciendo más Ricos[39]

tenemos magia real[29]: un network de transferencia de valor resistente a la censura, abierto, y sin fronteras. No hay cortina, y la magia es visible a todos[30].

Bitcoin me enseñó a mirar detrás de la cortina y a enfrentar mi ignorancia financiera.

---

[29] https://bit.ly/btc-wizardry

[30] https://github.com/bitcoin/bitcoin

9 Inflación

"Querida, aquí debemos correr tan rápido como podamos, sólo mantente en tu lugar. Y si deseas ir a algún lugar, debes correr el doble de rápido".

– La Reina de Corazones

El tratar de entender la inflación monetaria, y cómo un sistema no-inflacionario como Bitcoin puede cambiar nuestra forma de hacer las cosas, fue el punto de entrada a mi aventura en las ciencias económicas. Sabía que la inflación era la velocidad a la que se crea el dinero nuevo, pero no sabía mucho más allá de eso.

Mientras algunos economistas argumentan que la inflación es algo bueno, otros argumentan que el dinero "sólido" que no puede inflarse fácilmente – como el que teníamos en los días del estándar del oro – es esencial para una economía saludable. Bitcoin, teniendo un suministro fijo de 21 millones, está de acuerdo con este último bando.

Normalmente, los efectos de la inflación no son obvios inmediatamente. Dependiendo de la tasa de inflación (así como de otros factores), el tiempo entre la causa y el efecto puede tomar varios años. No sólo eso, pero la inflación afecta a diferentes grupos de gente más que a otros. Como señala Henry Hazlitt en Economics in One Lesson: "El arte de la economía consiste en observar no solamente a corto plazo, sino los efectos a largo plazo de cualquier acto o política; consiste en trazar las consecuencias de esa política no simplemente para un grupo, sino para todos los grupos".

Uno de mis momentos de iluminación personal, fue la comprensión de que la emisión de una nueva moneda – imprimir más dinero – es una actividad económica completamente diferente a todas las demás actividades económicas. Mientras los bienes reales y servicios reales producen un valor real para la gente real, el imprimir dinero efectivamente hace lo opuesto: le quita valor a todos los que tienen esa moneda la cual está siendo inflada.

"Mera inflación – eso es, la simple emisión de más dinero, con la consecuencia de salarios y precios más altos – pudiera parecer como la creación de más demanda, pero en cuanto a la producción real e intercambio de cosas reales, no lo es".

– Henry Hazlitt[31]

La fuerza destructiva de la inflación se vuelve obvia tan pronto como una poca de inflación se convierte en *mucha*. Si el dinero se hiperinfla, la situación se pone difícil muy rápidamente[32]. Mientras la moneda inflada se desmorona, esta fallará en almacenar valor con el paso del tiempo, y la gente se apresurará a hacerse de cualquier bien que pueda hacerlo.

Otra consecuencia de la hiperinflación es que todo el dinero que la gente ha ahorrado en el transcurso de sus vidas, de hecho se desvanecerá. El dinero de papel en tu cartera estará allí todavía, por supuesto. Pero será exactamente eso: papel sin valor alguno.

Ilustración 9.1: Hiperinflación en la República de Weimar (1921 -1923)

El valor del dinero declina también con la llamada inflación "leve". Sencillamente sucede tan lentamente, de forma que la mayoría de la

---

[31] Henry Hazlitt, Economics in One Lesson [35]

[32] https://en.wikipedia.org/wiki/Hyperinflation [83]

gente no nota cómo su poder adquisitivo está disminuyendo. Una vez que las prensas de impresión se echan a andar, la moneda puede ser fácilmente inflada, y lo que solía ser una inflación leve, puede convertirse en una fuerte tasa de inflación con sólo apretar un botón. Como Friedrich Hayek señaló en uno de sus ensayos: la inflación leve normalmente conduce a la inflación absoluta.

La "leve", y constante inflación no puede ayudar – sólo puede llevar a una inflación absoluta".

– Friedrich Hayek[33]

La inflación es particularmente tortuosa, ya que favorece a aquellos quienes están más cerca de las imprentas de dinero. Toma tiempo para que el dinero recientemente creado empiece a circular y los precios a ajustarse, así es que si tú eres capaz de conseguir más dinero antes de que el dinero de todos los demás se devalúe, tienes ventaja en la curva inflacionaria. Esta es también la razón por la cual la inflación puede ser vista como un impuesto disfrazado, porque al final los gobiernos se benefician de ella, mientras el pueblo termina pagando el precio.

"No creo que sea una exageración el decir que la historia es en gran medida una historia de inflación, y por lo general de inflaciones diseñadas por los gobiernos, para el beneficio de los gobiernos".

– Friedrich Hayek[34]

Hasta ahora, todo el dinero controlado por el gobierno ha sido reemplazado con el tiempo, o se ha colapsado por completo. No importa qué tan pequeña sea la tasa de inflación, crecimiento "constante" es otra forma de decir crecimiento expansivo. En la naturaleza así como en la

---

[33] Friedrich Hayek, 1980s Unemployment and the Unions [33]

[34] Friedrich Hayek, Good Money [34]

economía, todos los sistemas que crecen de manera expansiva eventualmente tienen que estabilizarse, o sufrir un colapso catastrófico.

"No puede suceder en mi país," es lo que probablemente estás pensando. No piensas así si eres de Venezuela, el cual está sufriendo actualmente de hiperinflación. Con una tasa de inflación de más de 1 millón por ciento, el dinero es prácticamente inválido [75].

Tal vez no pase en los próximos dos años, o en particular a la moneda que se usa en tu país, pero al echar un vistazo a la lista de monedas históricas[35] podemos ver que inevitablemente sucederá a largo plazo. Yo recuerdo, y he utilizado varias de las que aparecen en la lista: el schilling Austriaco, el marco Alemán, la lira Italiana, el franco francés, el pound Irlandés, el dinar Croata, etc. Mi abuela inclusive usaba el Krone Austro-Hungaro. Al pasar el tiempo, las monedas que se usan actualmente[36] se moverán de manera lenta pero segura, a sus respectivos cementerios. Sufrirán hiperinflación o serán reemplazadas. Pronto serán monedas históricas. Las haremos obsoletas.

"La historia nos ha enseñado que los gobiernos inevitablemente sucumbirán a la tentación de inflar el suministro de dinero".

– Saifedean Ammous[37]

¿Porque Bitcoin es diferente? En contraste a las divisas establecidas por el gobierno, los bienes monetarios que no están regulados por los

---

[35] Ver lista de monedas históricas en Wikipedia.[91]

[36] Ver lista de monedas en Wikipedia [90]

[37] Saifedean Ammous, The Bitcoin Standard[2]

gobiernos, sino por las leyes de la física[38], tienden a sobrevivir e incluso a mantener sus respectivos valores con el tiempo. El mejor ejemplo de esto ha sido hasta ahora el oro, el cual, como muestra la acertadamente llamada *relación entre el Oro - y - el traje - decente*[39], está sosteniendo su valor por cientos y miles de años. Tal vez no sea perfectamente "estable" – un concepto cuestionable en primer lugar – pero el valor que tiene estará por lo menos en la misma orden de magnitud.

Si un bien monetario o dinero mantiene su valor de manera efectiva a lo largo del tiempo y del espacio, es considerado como *duro*. Si éste no puede mantener su valor, porque se deteriora fácilmente o se infla, se le considera una dinero *suave*. El concepto de dureza es esencial para poder entender a Bitcoin, y es digno de un examen más profundo.
Regresaremos a esto en la última lección de economía: dinero sonante.

A medida que más y más países sufren de hiperinflación, más y más gente tendrá que enfrentar la realidad del dinero duro y el dinero suave. Si tenemos suerte, tal vez algunos banqueros centrales se verán forzados a reevaluar sus políticas monetarias. Pase lo que pase, los conocimientos que he adquirido gracias a Bitcoin serán probablemente invaluables, no importa el desenlace.

Bitcoin me enseñó acerca del impuesto oculto de la inflación, y la catástrofe de la hiperinflación.

---

[38] Gigi, Bitcoin's Energy Consumption - A shift in perspective [29]

[39] La historia muestra que el precio de una onza de oro equivale a el precio de un traje decente de hombre, de acuerdo con los gerentes de Sionna Investment [42]

10 Valor

"Fue el conejo blanco, trotando lentamente de vuelta, y mirando ansiosamente a su alrededor mientras iba, como si hubiera perdido algo..."

– Lewis Carroll, *Alicia en El País de Las Maravillas*

El valor es un tanto paradójico, y hay múltiples teorías[40] las cuales tratan de explicar porqué valoramos ciertas cosas por encima de otras. La gente ha estado consciente de esta paradoja por miles de años. Como escribió Platón en su diálogo con Euthydemus, valoramos algunas cosas porque son raras, y no solamente basándonos en la necesidad de ellas para nuestra supervivencia.

"Y si eres prudente, darás este mismo consejo a tus alumnos también – que ellos nunca deberán conversar con nadie, excepto tú y entre ellos mismos. Porque lo raro, Euthydemus, es lo precioso, mientras que el agua es lo más barato, aunque lo mejor, como dijo Píndaro".

– Platón[41]

Esta paradoja del valor[42] muestra algo interesante acerca de nosotros lo humanos: parecemos valorar las cosas sobre una base subjetiva[43], pero lo hacemos con cierto criterio no arbitrario. Algo nos puede parecer *precioso* por varias razones, pero las cosas que valoramos comparten ciertas características. Si podemos copiar algo con mucha facilidad, o si es naturalmente abundante, no le damos valor.

---

[40] Ver Teoría del valor (economía) en Wikipedia [102]

[41] Platón, Euthydemus[61]

[42] Ver la paradoja del valor en Wikipedia[96]

[43] Ver La teoría subjetiva del valor en Wikipedia [100]

Parece que valoramos algo porque es escaso (oro, diamantes, tiempo), difícil, o que se produce con mucho trabajo, no puede ser reemplazado (una fotografía vieja de un ser amado), es útil de tal forma que nos permite hacer cosas que de otra manera no podríamos, o una combinación de todas, como en el caso de grandes obras de arte.

Bitcoin es todo lo anterior: es extremadamente raro (21 millones), cada vez es más difícil de producir (la recompensa es reducida a la mitad cada cuatro años), no puede ser reemplazado (una llave privada perdida, se pierde para siempre), y nos permite hacer algunas cosas verdaderamente útiles. Es posiblemente la mejor herramienta para transferir valor a través de fronteras, prácticamente resistente a la censura, y a la confiscación en el proceso. Además, es una reserva de valor auto – soberano, permitiendo a los individuos guardar su riqueza independientemente de los bancos y gobiernos, por mencionar sólo dos.

Bitcoin me enseñó que el valor es subjetivo, pero no arbitrario.

11 Dinero

"En mi juventud,...
mantenía todos mis miembros muy flexibles,
mediante el uso de este ungüento,
cinco chelines la caja –
Permítame venderle un par".

> – El Sabio

¿Qué es el dinero? Lo usamos todos los días, sin embargo, esta pregunta es sorprendentemente difícil de contestar. Dependemos de él en gran manera, y en pequeña también, y si tenemos muy poco de él nuestras vidas se hacen muy difíciles. Aun así, raramente pensamos acerca de aquello que supuestamente hace girar al mundo. Bitcoin me forzó a contestar esta pregunta una y otra vez: ¿Qué diablos es el dinero?

En nuestro mundo "moderno", la mayoría de la gente probablemente pensará en pedazos de papel cuando hablamos de dinero, aun cuando la mayor parte de nuestro dinero es sólo un número en una cuenta bancaria. Ya estamos usando ceros y unos como nuestro dinero, entonces ¿cómo es Bitcoin diferente? Bitcoin es diferente porque en su núcleo, es un dinero muy diferente al dinero que actualmente usamos. Para entender esto, tendremos que observar más de cerca lo que es el dinero, cómo llegó a existir, y porqué el oro y la plata fueron usados en la mayor parte de la historia del comercio.

Conchas de mar, oro, plata, papel, bitcoin. Al final, **el dinero es lo que sea que la gente utilice como dinero**, no importa su forma y figura, o la carencia de la misma. El dinero, como un invento, es ingenioso. Un mundo sin dinero es enormemente complicado: ¿Cuántos pescados me comprarán unos zapatos nuevos? ¿Cuántas vacas me comprarán una casa? ¿Qué tal si por ahora no necesito nada, pero necesito deshacerme de mis manzanas que están a punto de podrirse? No necesitas mucha imaginación para darte cuenta de que la economía basada en el trueque es enloquecedoramente ineficaz.

Lo mejor del dinero es que puede ser intercambiado por *cualquier otra cosa* – ¡es un gran invento! como resume Nick Szabo[44] brillantemente en *Shelling Out: The Origins of Money [70]*, nosotros los humanos hemos usado toda clase de cosas como dinero: cuentas hechas de materiales raros como marfil, conchas, o huesos especiales, varias clases de joyas, y posteriormente metales raros como plata y oro.

"En este sentido, es más típico de un metal precioso. En lugar de cambiar el suministro para mantener el valor, el suministro está predeterminado y el valor cambia".

– Satoshi Nakamoto[45]

Siendo las criaturas flojas que somos, no pensamos mucho acerca de las cosas que están funcionando. El dinero, para la mayoría de nosotros, funciona bien. Como nuestros carros o nuestras computadoras, la mayoría de nosotros estamos forzados a pensar en el funcionamiento interno de esas cosas sólo si se descomponen. La gente que vio los ahorros de todas sus vidas desvanecerse debido a la hiperinflación, conoce el valor del dinero duro, al igual que la gente que vio a sus amigos y familiares desvanecerse debido a la atrocidades de la Alemania Nazi o de La Unión Soviética, conoce el valor de la privacidad.

Lo que pasa con el dinero, es que lo abarca todo. El dinero es la mitad de todas las transacciones, lo que confiere un enorme poder a los encargados de crear el dinero.

"Dado que el dinero es la mitad de todas las transacciones comerciales, y que civilizaciones enteras literalmente se han levantado y caído basadas en la calidad de su dinero, estamos hablando de un poder impresionante, uno que vuela al amparo de la noche. Es el poder de tejer ilusiones que parecen reales mientras duren. Ese es el fundamento del poder del Banco Central de Los Estados Unidos de Norteamérica".

---

[44] http://unenumerated.blogspot.com/

[45] Satoshi Nakamoto, en una respuesta a Sepp Hasslberger[49]

– Ron Paul[46]

Bitcoin remueve pacíficamente este poder, ya que elimina la creación del dinero, y lo hace sin el uso de la fuerza.

El dinero ha pasado por múltiples iteraciones. La mayoría de esas iteraciones fueron buenas. Ellas mejoraron nuestro dinero de alguna u otra manera. Muy recientemente, sin embargo, el funcionamiento interno de nuestro dinero se corrompió. Hoy en día, casi todo nuestro dinero es simplemente creado *de la nada* por los poderes establecidos. Para entender cómo esto llegó a suceder, he tenido que aprender acerca de la historia y la subsecuente caída del dinero.

Si tomará una serie de catástrofes, o simplemente un esfuerzo educacional monumental, está por verse. Le pido a los dioses del dinero sólido que esta sea la última.

Bitcoin me enseñó lo que es el dinero.

---

[46] Ron Paul, End the Fed [58]

12 La Historia y La Caída del Dinero

"No recordarán las simples reglas que sus amigos les han dado, como, que, si te metes en el fuego, te quemarás, y que, si cortas tu dedo muy profundamente con un cuchillo, por lo general sangra, y ella nunca ha olvidado que, si bebes una botella marcada como 'veneno', es casi seguro que no estarás de acuerdo, tarde o temprano".

– Lewis Carroll, *Alicia en El País de Las Maravillas*

Mucha gente piensa que el dinero está respaldado por el oro, el cual está guardado en grandes bóvedas, protegidas por gruesas paredes. Esto dejó de ser cierto hace muchas décadas. No estoy seguro de lo que yo pensaba, puesto que me encontraba en un problema más profundo, prácticamente no teniendo ningún entendimiento sobre el oro, los billetes, o el porqué este necesita en primer lugar, estar respaldado por algo.

Una parte del aprendizaje del bitcoin es el aprendizaje del dinero fiduciario: lo que significa, cómo llegó a ser, y porqué puede no ser la mejor idea que hemos tenido jamás. Así que, ¿Qué es exactamente el dinero fiduciario? ¿Y cómo acabamos usándolo?

Si algo se impone por *fiat*, simplemente significa que es impuesto mediante una autorización o proposición formal. De esta manera, el dinero fiduciario es dinero sólo porque *alguien* dice que es dinero. Puesto que todos los gobiernos usan moneda fiduciaria hoy en día, este alguien es *tu* gobierno. Desafortunadamente, tú no eres *libre* de no estar de acuerdo con esta propuesta de valor. Pronto sentirás que esta proposición es todo, menos violenta. Si te niegas a usar este papel moneda para hacer negocio y pagar tus impuestos, las únicas personas con quienes serás hábil de discutir temas de economía, será con tus compañeros de celda.

El valor del dinero fiduciario no se deriva de sus propiedades inherentes. Qué tan bueno cierto tipo de dinero fiduciario es, está correlacionado con la (in)estabilidad de aquellos que soñaron con crearlo. Su valor es impuesto por decreto, arbitrariamente.

Origen

LATÍN	LATÍN	
fieri	fiat	fiat
se haga o haberse hecho	que se haga	Inglés medio tardío

Inglés medio tardío: del Latín, que se haga, 'de la palabra fieri' 'se haga o haberse hecho.'

Ilustración 12.1: fiat – 'Que se produzca'

Hasta hace poco, dos tipos de dinero fueron usados: **el dinero para el consumo**, hecho de objetos preciosos, y **el dinero simbólico**, el cual sólo representa al objeto precioso, principalmente por escrito.

Ya hemos hablado del dinero para el consumo anteriormente. La gente usaba huesos especiales, conchas de mar, y metales preciosos como dinero. Más tarde, principalmente monedas hechas de metales preciosos como oro y plata fueron usadas como dinero. La moneda más antigua encontrada hasta ahora, está hecha de una mezcla natural de oro y plata, y fue hecha hace más de 2,700 años[47]. Si algo es nuevo en Bitcoin, no es el concepto de lo que es una moneda.

---

[47]De acuerdo con el historiador griego Herodoto, como escribió en el siglo quinto antes de Cristo, los Lidios fueron los primeros en usar monedas de oro y plata.

Ilustración 12.2: Moneda electrum Lidia. Imagen cc-by-sa Classical Numismatic Group, Inc.

Resulta que el atesoramiento de monedas, o hodling, si usamos el lenguaje actual, es casi tan antiguo como las monedas mismas. El hodler más antiguo fue alguien quien puso casi cien de estas monedas en una vasija y la enterró en los cimientos de un templo, sólo para ser encontrada 2,500 años más tarde. Muy buen almacenamiento en frío, si me preguntas.

Una de las desventajas de usar monedas de metales preciosos es que pueden ser recortadas, degradando efectivamente el valor de la moneda. Nuevas monedas pueden ser acuñadas de los recortes, inflando el suministro de dinero con el tiempo, devaluando cada moneda individual en el proceso. La gente literalmente afeitaba todo lo que podía de sus dólares de plata. Me pregunto qué clase de propaganda tenía en mis tiempos el *Club de Afeitadores del Dólar*.

Siendo que los gobiernos sólo están tranquilos con la inflación si ellos son los que la están generando, se hicieron esfuerzos para detener esta guerrilla de la devaluación. Al estilo clásico de policías y ladrones, los recortadores de monedas se volvieron más creativos con sus técnicas, forzando a el "maestro de la acuñación" a hacerse aún más creativo con sus contramedidas. Isaac Newton, el mundialmente renombrado físico de fama *Principia Mathematica*, solía ser uno de estos maestros. A él se le atribuye el haber agregado las pequeñas franjas a la orilla de las monedas las cuales están presentes hasta el día de hoy. Atrás quedaron los días del afeitado fácil de monedas.

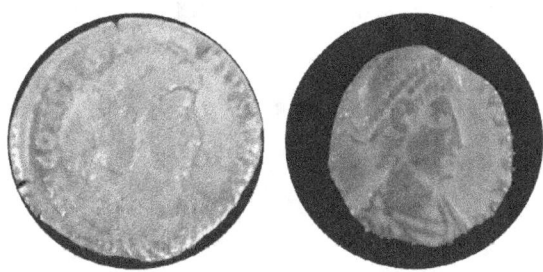

Ilustración 12.3: Monedas de plata recortadas de diversa gravedad.

Aun con estos métodos de desvalorización de las monedas[48] mantenidos a raya, las monedas todavía sufren de otros problemas. Son voluminosas y no muy fáciles de transportar, especialmente cuando tienen que hacerse grandes transferencias de valor. El presentarse con una gran bolsa de dólares de plata cada vez que quieres comprar un Mercedes no es muy práctico.

Hablando de temas de Alemania: Como el *dólar* de los Estados Unidos obtuvo su nombre, es otra historia interesante. La palabra "dólar" se deriva de la palabra Alemana *Thaler*, que es una abreviatura de *Joachimsthaler* [101]. Un Joachimsthaler era una moneda acuñada en el pueblo de *Sankt Joachimsthal*. Thaler es simplemente una abreviatura para alguien (o algo) que viene del valle, y porque Joachimsthal era *el* valle para la producción de monedas de plata, la gente simplemente se refería a esas monedas de plata como *Thaler*. Thaler (Alemán) se transformó en daalders (Holandés), y finalmente en dollars (Inglés).

---

[48] Además de recortar, sweating (sacudir las monedas en una bolsa y colectar el polvo que sacan) y plugging (haciéndole un hoyo en medio y martillando la moneda hasta cerrar el agujero) eran los métodos más prominentes de desvalorización de monedas.

Ilustración 12.4: El 'dólar' original. San Joaquín aparece con su túnica y su sombrero de mago. Imagen cc-by-sa Wikipedia user Berlin-George

La introducción del dinero representativo anunció la caída del dinero duro. Los certificados del oro fueron introducidos en 1863, y aproximadamente quince años más tarde, el dólar de plata también estaba lentamente pero con seguridad siendo reemplazado por un papel de representación: el certificado de plata [99].

Tomó unos 50 años desde la introducción de los primeros certificados de plata hasta estas piezas de papel transformadas en algo que reconoceríamos actualmente como un dólar USA.

Ilustración 12.5: Un dólar USA de plata de 1928. 'Pagable al portador' Imagen cc-by-sa National Numismatic Collection at Smithsonian Institution.

Hay que notar que el dólar USA de plata de 1928 de la ilustración 12.5 sigue teniendo el nombre de *certificado de plata*, indicando que este es de hecho sólo un documento que establece que se le debe al portador de esta pieza de papel, una pieza de plata. Es interesante ver que el texto que indica esto se hizo más pequeño con el paso del tiempo. El trazo de "certificado" se desvaneció completamente después de un tiempo, siendo reemplazado por la declaración de seguridad de que estos son billetes de la reserva federal.

Como se mencionó anteriormente, lo mismo le pasó al oro. La mayoría del mundo estaba en un estándar bimetálico [77], lo que significa que las monedas estaban hechas principalmente de oro y plata. El tener certificados para oro, canjeable en monedas de oro, era argumentativamente una mejora tecnológica. El papel es más conveniente, ligero, y puesto que puede ser dividido arbitrariamente al simplemente imprimirle un número más pequeño, es más fácil dividirlo en unidades más pequeñas.

Para recordarle a los portadores (usuarios) que esos certificados fueron representaciones de oro y plata real, estos fueron coloreados como corresponde, y se declaró claramente en el certificado mismo. Tú puedes de forma fluida leer el escrito de arriba a abajo:

"Este certifica que se han depositado en la tesorería de los Estados Unidos de Norteamérica cien dólares en moneda de oro pagable al portador".

Ilustración 12.6: Un certificado de oro de $100 USA de 1928. Imagen cc-by-sa National Numismatic Collection, National Museum of American History.

En 1963, las palabras "PAGABLE AL PORTADOR" se eliminaron de todos los billetes de nueva emisión. Cinco años después, la redención de los billetes de papel para el oro y la plata terminó.

Las palabras que insinuaban los orígenes y la idea detrás del papel moneda se eliminaron. El color dorado desapareció. Todo lo que quedó fue el papel, y con él la habilidad del gobierno de imprimir tanto como desee.

Con la abolición del patrón oro en 1971, este juego de manos de un siglo se completó. El dinero se convirtió en la ilusión que todos compartimos hasta el día de hoy: dinero fiduciario. Vale algo porque alguien quien manda un ejército y opera las cárceles dice que vale algo. Como puede leerse claramente en cada billete de dólar circulando ahora, "ESTE BILLETE ES DE CURSO LEGAL". En otras palabras: Tiene valor porque el billete dice que lo tiene.

Ilustración 12.7: Un billete de veinte dólares USA de la serie 2004 usado actualmente. 'ESTE BILLETE ES DE CURSO LEGAL'

Por cierto, hay otra lección interesante en los billetes de los bancos actuales, escondida a plena vista. La segunda línea lee que este es de curso legal "PARA TODAS LAS DEUDAS, PÚBLICAS Y PRIVADAS". Lo que puede ser obvio para los economistas, fue sorprendente para mí: Todo el dinero es deuda. Todavía me duele la cabeza debido a esto, y dejaré la exploración de la relación entre el dinero y la deuda como un ejercicio para el lector.

Como hemos visto, el oro y la plata fueron usados como dinero por milenios. Con el tiempo, las monedas hechas de oro y plata fueron reemplazadas por papel. El papel lentamente fue aceptado como pago. Esta aceptación creó una ilusión – la ilusión de que el papel en sí mismo tiene valor. El paso final fue cortar severamente el vínculo entre la representación y lo real: aboliendo el estándar de oro y convenciendo a todo el mundo de que el papel en sí mismo es precioso.

Bitcoin me enseñó acerca de la historia del dinero, y el más grande juego de manos en la historia de la economía: la moneda fiduciaria.

13 La locura de la reserva Fraccionaria

¡Alas! era muy tarde: ella siguió creciendo y creciendo, y muy pronto tuvo que arrodillarse: un minuto después no había lugar en el cuarto ni para eso, y ella probó el efecto de acostarse, con un codo contra la puerta, y el otro brazo enrollado en su cabeza. Aún siguió creciendo, y como último recurso ella puso un brazo afuera de la ventana, y un pie arriba en la chimenea, y se dijo a sí misma "ahora no puedo hacer más – ¿qué va a ser de mi?

– Lewis Carroll, *Alicia en El País de Las Maravillas*

El valor y el dinero no son tópicos triviales, especialmente en los tiempos actuales. El proceso de la creación del dinero en nuestro sistema bancario es igualmente no trivial, y no puedo sacudirme el sentimiento de que es así deliberadamente. Lo único que he encontrado previamente en textos legales y académicos, parece ser también de práctica común en el mundo financiero: nada es explicado en términos sencillos, no porque es verdaderamente complejo, sino porque la verdad es escondida detrás de capas y capas de jerga y *aparente* complejidad. "Política monetaria expansiva, la flexibilización cuantitativa, estímulo fiscal a la economía." El público asiente con la cabeza, hipnotizada por las palabras elegantes.

El banco de la Reserva Fraccionaria y la flexibilización cuantitativa son dos de esas palabras elegantes, ofuscando lo que está pasando en realidad al enmascararlo como algo complejo y difícil de entender. Si se lo explicas a un niño de cinco años, la locura de ambos se hará evidente rápidamente.

Godfrey Bloom, refiriéndose a el Parlamento Europeo durante un debate conjunto, lo dijo mejor de lo que yo lo hubiera podido haber dicho jamás:

"[...] tú no entiendes realmente el concepto de la banca. Todos los bancos están en quiebra. El Banco Santander, el Banco Alemán, El Banco Real de Escocia – ¡todos están en quiebra! ¿Y por qué están en quiebra? No es obra de Dios. No es una especie de tsunami. Están en quiebra porque tenemos un sistema llamado 'reserva fraccionaria' lo que

significa que ¡los bancos pueden prestar dinero que en realidad no tienen! Es un escándalo criminal, y ha estado sucediendo por muy largo tiempo. [...] Tenemos la falsificación – a veces llamada flexibilización cuantitativa – pero falsificación con cualquier otro nombre que se le dé.
La impresión artificial de dinero el cual, si lo hiciera cualquier persona ordinaria, iría a la cárcel por muy largo tiempo [...] y hasta que empecemos a mandar a los banqueros – y estoy incluyendo a los banqueros centrales y a los políticos – a prisión por este abuso, esto continuará".

– Godfrey Bloom[49]

Permíteme repetir la parte más importante: los bancos pueden prestar dinero que ellos en realidad no tienen.

Gracias a la banca de la reserva fraccionaria, un banco sólo tiene que mantener una pequeña *fracción* de cada dólar que obtiene. Es entre 0 y 10% , normalmente en el extremo inferior, lo que hace las cosas aún peor.

Vamos a usar un ejemplo concreto para entender mejor esta loca idea: Una fracción de 10% será útil, y podremos hacer todos los cálculos en nuestra cabeza. Entonces, si llevas $100.00 a un banco – porque no quieres guardarlo debajo del colchón – ellos sólo tienen que mantener la *fracción* acordada. En nuestro ejemplo eso serían $10.00, porque el 10% de $100 son $10. Fácil, ¿verdad?

Entonces ¿qué hacen los bancos con el resto del dinero? ¿Qué pasa con tus $90? Ellos hacen lo que hacen los bancos, lo prestan a otras personas. El resultado es un efecto multiplicador del dinero, el cual incrementa enormemente la provisión monetaria en la economía (Ilustración 13.1). Tu depósito inicial de $100 pronto se convertirá en $190. Al prestar una fracción del 90% de los recién creados $90, pronto habrán $271 en la economía. Y $343.90 después de eso. La provisión monetaria aumenta recursivamente, puesto que los bancos están literalmente prestando dinero que no tienen [93]. Sin siquiera un Abracadabra, los bancos mágicamente transforman $100 en mil dólares o más. Resulta que 10x es fácil. Sólo toma dos rondas de préstamos.

---

[49] Debate conjunto en la unión bancaria [17]

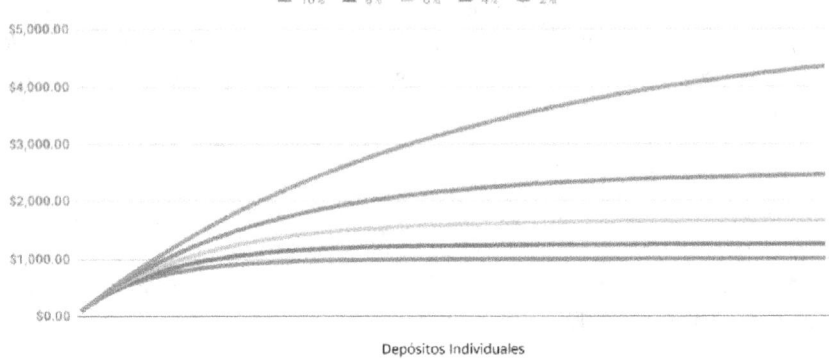

Ilustración 13.1: El efecto multiplicador del dinero.

No me malinterpretes: No hay nada malo con los préstamos. No hay nada malo con los intereses. Ni siquiera hay nada malo con los buenos y viejos bancos comunes para almacenar tu riqueza en algún lugar más seguro que el cajón de tus calcetines. Los bancos centrales, sin embargo, son una bestia diferente. Abominaciones de la regulación financiera, la mitad pública, la mitad privada jugando a ser dios con algo que afecta a todos, que es parte de nuestra civilización global, sin una conciencia, sólo interesada en el futuro inmediato, y aparentemente sin ninguna responsabilidad o auditoría (ver ilustración 13.2).

Ilustración 13.2: Yellen se opone firmemente a la auditoría de la Fed, mientras que el señor del letrero de Bitcoin está firmemente a favor de comprar bitcoin.

Mientras Bitcoin es todavía inflacionario, dejará de serlo muy pronto. El estrictamente limitado suministro de 21 millones de bitcoins acabará eliminando la inflación por completo. Tenemos ahora dos mundos monetarios: uno inflacionario en donde el dinero es impreso arbitrariamente, y el mundo de Bitcoin, en donde la provisión final está fijada y es fácilmente auditable para todos. Uno se nos impone mediante la violencia, el otro puede ser incorporado por cualquiera que lo desee. No hay barreras para entrar, nadie a quien pedir permiso. Participación voluntaria. Esa es la belleza de Bitcoin.

Yo diría que el argumento entre Keynesiano[50] y los economistas Austriacos[51] ya no es puramente académico. Satoshi logró construir un sistema para la transferencia de valor con esteroides, creando en el proceso el dinero más sólido que jamás haya existido. De una u otra manera, más y más gente aprenderá acerca de la estafa que es la banca de la reserva fraccionaria. Si ellos llegan a conclusiones similares, así como la mayoría de los Austriacos y Bitcoiners, tal vez se unan al siempre creciente internet del dinero. Nadie puede detenerlos si ellos deciden hacerlo.

Bitcoin me enseñó que la banca de reserva fraccionaria es pura locura.

---

[50] Teorias de acuerdo a John Maynard Keynes y sus discípulos [86]

[51] Escuela de economía que enseña basada en el individualismo metodológico [76]

14 Dinero Sólido

"La primera cosa que tengo que hacer," se dijo Alicia a sí misma, mientras se paseaba en el bosque, "es crecer a mi tamaño correcto, y la segunda cosa es encontrar mi camino hacia ese adorable jardín. Creo que será el mejor plan".

– Lewis Carroll, *Alicia en El País de Las Maravillas*

La lección más importante que he aprendido de Bitcoin es que a la larga, el dinero duro es superior al dinero suave. Dinero duro o contante, también conocido como dinero sólido, es cualquier moneda intercambiada globalmente que sirve como un almacén de valor fiable.

Concedido, Bitcoin todavía es joven y volátil. Los críticos dirán que no es un depósito de valor fiable. El argumento de la volatilidad es un punto perdido. La volatilidad es de esperarse. El mercado tomará un tiempo en figurar el precio justo de este nuevo dinero. También, como a veces se menciona de broma, se basa en un error de medición. Si piensas en dólares fallarás en ver que un bitcoin siempre valdrá un bitcoin.

"Un suministro fijo de dinero, o un suministro alterado sólo de acuerdo con un criterio objetivo y calculable, es una condición necesaria para un significativo y justo precio del dinero".

— Fr. Bernard W. Dempsey, S.J[52]

Como ha demostrado un rápido paseo por el cementerio de las divisas olvidadas, el dinero que puede ser impreso será impreso. Hasta ahora, ningún humano en la historia ha sido capaz de resistir esta tentación.

Bitcoin acaba con la tentación de imprimir dinero de una manera ingeniosa. Satoshi era consciente de nuestra avaricia y falibilidad – es por eso que escogió algo más confiable que la restricción humana: las matemáticas.

---

[52] Perry J. Roets, S.J., Review of Social Economy [63]

$$\sum_{i=0}^{32} \frac{21000 \lfloor \frac{50*10^8}{2^i} \rfloor}{10^8} \quad (14.1)$$

Ilustración 14.1: Fórmula del suministro de Bitcoin

Mientras esta fórmula es útil para describir el suministro de Bitcoin, en realidad no se encuentra en ninguna parte del código. La emisión de nuevos bitcoins se hace de manera algorítmicamente controlada, al reducir cada cuatro años la recompensa que es pagada a los mineros [13]. La fórmula es usada para resumir rápidamente lo que está pasando bajo el mostrador. Lo que realmente sucede puede verse mejor al observar el cambio en la recompensa por bloque, la recompensa pagada a quien encuentre un bloque válido, lo cual sucede aproximadamente cada 10 minutos.

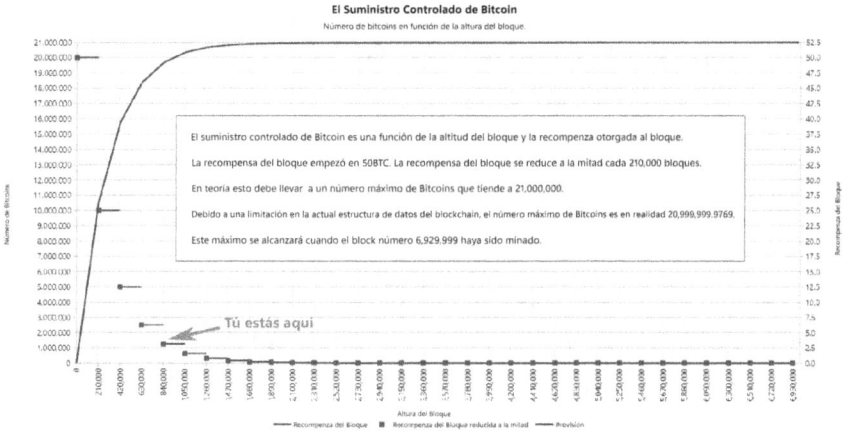

Ilustración 14.2: El suministro controlado de Bitcoin

Fórmulas, funciones logarítmicas, y exponenciales no son exactamente algo que se pueda entender intuitivamente. El concepto de *solidez* puede ser más fácil de entender si lo vemos de otra manera. Una vez que sabemos cuánto hay de algo, y una vez que sabemos qué tan difícil es producirlo o el obtenerlo, inmediatamente entendemos su valor. Lo que es cierto para las pinturas de Picasso, las guitarras de Elvis Presley, y los violines Stradivarius, también es cierto para el dinero fiduciario, el oro, y bitcoins.

La dureza del dinero fiduciario depende de quien está a cargo de las respectivas prensas de impresión. Algunos gobiernos pueden estar más dispuestos a imprimir grandes cantidades de monedas que otros, resultando en una moneda más débil. Otros gobiernos pueden ser más restrictivos en la impresión de su moneda, resultando en una moneda más dura.

"Un aspecto importante de esta nueva realidad es que las instituciones como la Fed no pueden caer en bancarrota. Ellos pueden imprimir cualquier cantidad de dinero que puedan necesitar para ellos mismos a un precio que es prácticamente cero".

— Jörg Guido Hülsmann[53]

Antes de que tuviéramos dinero fiduciario, la dureza del dinero era determinada por las propiedades naturales del material que usábamos como dinero. La cantidad de oro en la tierra está limitado por las leyes de la física. El oro es raro porque las coaliciones de las estrellas pernovae y neutrón son raras. El "flujo" del oro es limitado porque extraerlo es todo un esfuerzo. Siendo un elemento pesado, está enterrado en su majority parte profundamente bajo la tierra.

La abolición del patrón oro abrió el camino a una nueva realidad: añadir nuevo dinero requiere sólo de una gota de tinta. En nuestro mundo moderno el agregar un par de ceros al balance de una cuenta bancaria requiere aún menos esfuerzo: la inversión de unos pocos bits en un ordenador bancario es suficiente.

El principio expuesto anteriormente puede expresarse de forma más general como la relación entre "el stock" y el "flujo". En pocas palabras, el *stock* es qué tanto de algo se encuentra actualmente allí. Para nuestros propósitos, el stock es una medida de la dotación monetaria actual. El *flujo* es qué tanto se ha producido en un periodo de tiempo (por ejemplo, en un año). La clave para entender el dinero duro se encuentra en entender esta relación entre el stock y el flujo monetario.

---

[53] Jörg Guido Hülsmann, The Ethics of Money Produccion [38]

Es difícil calcular la relación que existe entre el stock y el flujo monetario, porque cuánto dinero hay depende de cómo se mire [94]. Podrías contar solamente billetes de banco y monedas (M0), agregar traveler checks y cheques de depósito (M1), agregar cuentas de ahorro y fondos de inversión y algunas otras cosas (M2), y aun agregar certificados de depósito a todo lo anterior (M3). Además, como se define y se mide todo esto varía de país a país, y desde que la Reserva Federal de los Estados Unidos dejó de publicar [62] números para M3, tendremos que conformarnos con la oferta monetaria M2. Me encantaría verificar esos números, pero me temo que tendremos que confiar en la fed por el momento.

El oro, uno de los metales más raros de la tierra, tiene la más alta relación entre el stock y el flujo. De acuerdo a la encuesta Geológica de USA, un poco más de 190,000 toneladas han sido minadas. En los últimos años, alrededor de 3,100 toneladas de oro han sido minadas por año [69].

Usando esos números, podemos fácilmente calcular la relación entre el stock y el flujo para el oro (ver ilustración 14.3).

$$\frac{190,000t}{3,100t} = 61 \quad \textbf{(14.2)}$$

Ilustración 14.3: Relación stock a flujo del oro

Nada tiene una relación stock a flujo más alta que el oro. Esta es la razón por la cual el oro, hasta ahora, fue el dinero más duro y sólido en existencia. Se dice a menudo que todo el oro minado hasta ahora cabría en dos albercas olímpicas. De acuerdo a mis cálculos[54], necesitaríamos cuatro. Así es que tal vez esto necesita actualizarse, o las albercas olímpicas se hicieron más pequeñas.

Entra a Bitcoin. Como probablemente ya sabes, la minería de bitcoin ha estado de moda en los dos últimos años. Esto es porque todavía estamos en las fases tempranas de lo que se llama la *era de las recompensas,* en donde los nodos mineros son recompensados con *mucho* bitcoin por su esfuerzo computacional. Nos encontramos actualmente en la era de las recompensas número 3, la cual comenzó en

---

[54] https://bit.ly/gold-pools

2016 y terminará a principios del 2020, probablemente en Mayo. Mientras la dotación de bitcoin está predeterminada, el funcionamiento interno de bitcoin solo permite usar fechas aproximadas. Sin embargo, podemos predecir con certeza qué tan alta será la relación stock a flujo. Advertencia: será alta.

¿Qué tan alta? Bueno, resulta ser que Bitcoin se hará infinitamente duro (ver ilustración 14.4).

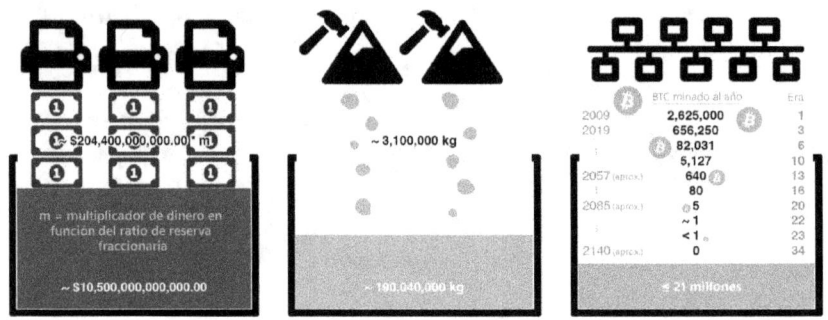

Ilustración 14.4: Visualización del stock y flujo para USD, oro, y Bitcoin.

Debido a una disminución exponencial de la recompensa minera, el flujo de nuevo bitcoin disminuirá, resultando en una subida vertiginosa de la relación stock a flujo. Alcanzará al oro en el 2020, solo para rebasarlo cuatro años después al duplicar su solidez una vez más. Esa duplicación ocurrirá 64 veces en total. Gracias al poder de las funciones exponenciales, el número de bitcoins minados por año disminuirá por debajo de 100 bitcoins en 50 años, y por debajo de 1 bitcoin en 75 años. El grifo global que es la recompensa por bloque se secará por allí del año 2140 parando efectivamente la producción de bitcoin. Este es un juego que toma tiempo. Si estás leyendo esto, todavía es temprano.

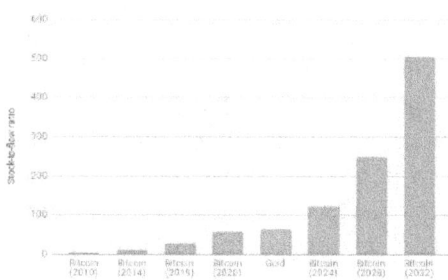

Ilustración 14.5: Relación entre stock y flujos en aumento de bitcoin en comparación con el oro.

Mientras bitcoin se acerca a una relación stock a flujo infinita, será el dinero más sólido que exista. La solidez infinita es difícil de superar.

Visto a través del lente de la economía, el *ajuste de la dificultad* de Bitcoin es probablemente su componente más importante. Qué tan difícil es minar bitcoin, depende de qué tan rápidamente son minados nuevos bitcoins[55]. Es el ajuste dinámico de la dificultad de minado de la red lo que nos permite predecir su provisión.

La simplicidad del algoritmo de ajuste de la dificultad puede distraer de la profundidad, pero el ajuste de la dificultad es verdaderamente una revolución de proporciones Einsteinianas. Este asegura que, no importa que mucho o poco esfuerzo se ponga en la minería, la provisión controlada de Bitcoin no se verá interrumpida. Lo opuesto a cualquier otro recurso, no importa cuánta energía ponga alguien en minar bitcoin, la recompensa total no incrementará.

Así como E=mc2 dicta el límite de la velocidad universal en nuestro universo, el ajuste de la dificultad dicta el **límite monetario universal** en Bitcoin. Si no fuera por este ajuste de la dificultad, todos los bitcoins se hubieran minado ya. Si no fuera por este ajuste de la dificultad, Bitcoin probablemente no hubiera sobrevivido en su infancia. Esto es lo que

---

[55] De hecho, depende de qué tan rápidamente blocks válidos son encontrados, pero para nuestro propósito, esto es equivalente a "minar bitcoins" y así será durante los próximos 120 años.

asegura la red en su era de recompensa. Es lo que asegura una distribución constante y justa[56] de nuevos bitcoins. Es el termostato que regula la política monetaria de Bitcoin. Einstein nos mostró algo novedoso: no importa qué tan fuerte empujes un objeto, en cierto punto no serás capaz de obtener más velocidad de él. Satoshi también nos mostró algo novedoso: no importa qué tanto escarbes para obtener este oro digital, en cierto punto no podrás obtener más bitcoin si continúas escarbando. Por primera vez en la historia de la humanidad, tenemos un bien monetario el cual, por mucho que te esfuerces, no podrás producir más de él.

Bitcoin me enseñó que el dinero sólido es esencial.

[56] Dan Held, Bitcoin's Distribution was Fair [36]

Parte III

Tecnología

Tecnología

"Ahora, me las arreglaré mejor esta vez" se dijo a sí misma, y empezó por tomar la pequeña llave dorada, y abrir la puerta que llevaba al jardín.

– Lewis Carroll, *Alicia en El País de Las Maravillas*

Llaves doradas, relojes que sólo trabajan por casualidad, carreras para resolver extrañas adivinanzas, y constructores que no tienen caras o nombres. Lo que suena como cuentos de hadas del País de Las Maravillas, es negocio de todos los días en el mundo de Bitcoin.

Como exploramos en el Capítulo II, grandes partes del sistema financiero actual están sistemáticamente rotas. Como Alicia, solo podemos esperar que esta vez nos las arreglemos mejor. Pero, gracias a un inventor seudónimo, tenemos una increíblemente sofisticada tecnología que nos apoye esta vez: Bitcoin.

El resolver problemas en un ambiente radicalmente descentralizado y adverso requiere soluciones únicas. Lo que de otra manera serían problemas triviales que resolver, lo son todo, menos en este extraño mundo de los nodos. Bitcoin se basa en fuerte criptografía para la mayoría de las soluciones, al menos si se ve a través del lente de la tecnología. Qué tan fuerte es esta criptografía se explorará en una de las lecciones siguientes.

La criptografía es lo que Bitcoin usa para eliminar la confianza en las autoridades. En lugar de confiar en instituciones centralizadas, el sistema se basa en la autoridad final de nuestro universo: la física. Algunos granos de confianza aún existen, sin embargo. Examinaremos esos granos en la segunda lección de este capítulo.

Parte III - Tecnología:

15. La fuerza de los números
16. Reflexiones acerca de "No Confíes, Verifica"
17. Decir la hora requiere de trabajo

18. Muévete lentamente y no rompas cosas
19. La privacidad no ha muerto
20. Los Cypherpunks escriben código
21. Metáforas para el futuro de Bitcoin

Las dos últimas lecciones exploran la ética del desarrollo tecnológico de Bitcoin, el cual es argumentativamente tan importante como la tecnología en sí misma. Bitcoin no es el próximo app brillante en tu teléfono. Es la base de una nueva realidad económica, lo que hace que Bitcoin deba ser tratado como un software financiero de grado nuclear.

¿En dónde nos encontramos en esta revolución financiera, social, y tecnológica? Redes y tecnologías del pasado tal vez sirvan como metáforas para el futuro de Bitcoin, lo cual es explorado en la última lección de este capítulo.

Una vez más, abróchate el cinturón, y disfruta el viaje. Al igual que todas las tecnologías exponenciales, estamos a punto de irnos en parábola.

15 La Fuerza de Los Números

"Déjame ver: cuatro veces cinco es doce y cuatro veces seis es trece, y cuatro veces siete es catorce - ¡oh Dios! ¡Nunca llegaré a veinte a este paso!"

– Lewis Carroll, *Alicia en El País de Las Maravillas*

Los números son una parte esencial de nuestra vida diaria. Grandes números, sin embargo, no son algo con lo cual la mayoría de nosotros estamos muy familiarizados. Los números más grandes que tal vez encontremos en nuestra vida diaria están en el rango de los millones, miles de millones, o trillones. Tal vez leamos acerca de millones de personas pobres, de miles de millones de dólares gastados en rescates bancarios, y trillones de deuda nacional. Aunque es difícil dar sentido a estos titulares, nos sentimos de alguna manera cómodos con el tamaño de estos números.

Aunque tal vez estemos cómodos con miles de millones y trillones, nuestra intuición ya empieza a fallar con números de esta magnitud. ¿Tienes una idea de cuánto tendrías que esperar para que pasen un millón/ miles de millones/ trillones de segundos? Si eres como yo, te pierdes sin hacer los números.

Veamos de cerca este ejemplo: la diferencia entre cada uno es un incremento de tres órdenes de magnitud: 10 elevado a la 6, 10 elevado a la 9, 10 elevado a la 12. Pensar en segundos no es muy práctico, así es que vamos a traducir esto en algo que podamos entender:

. 10 elevado a la 6: Un millón de segundos fue hace 1 1/2 semanas.
. 10 elevado a la 9: Mil millones de segundos fue hace casi 32 años.
. 10 elevado a la 12: Hace un trillón de segundos Manhattan fue cubierta por una gruesa capa de hielo[57].

---

[57] Un trillón de segundos (10 a la doceava potencia) fue hace 31,710 años. El Último Máximo Glacial fue hace 33,000 años. [88]

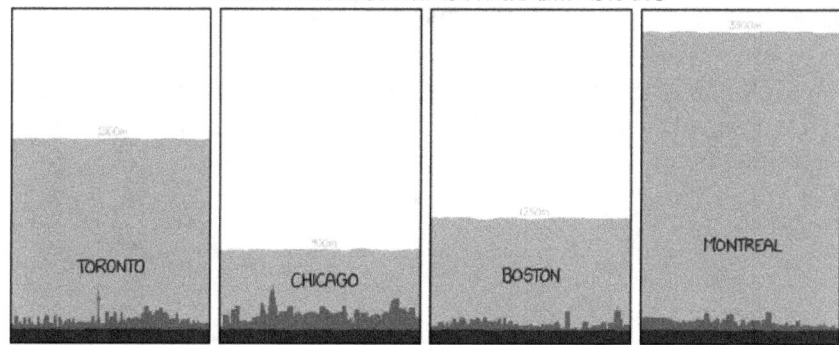

Ilustración 15.1: Aproximadamente hace 1 trillón de segundos. Fuente: xkcd 1225

Tan pronto como entramos al más allá del astronómico reino de la criptografía moderna, nuestra intuición falla catastróficamente. Bitcoin está construido alrededor de grandes números y la imposibilidad virtual de adivinarlos. Esos números son mucho, mucho más grandes de lo que podríamos encontrar en nuestra vida diaria. Muchas órdenes de magnitud más grandes. El entender qué tan grandes son en realidad estos números es verdaderamente esencial para poder entender a Bitcoin en su totalidad.

Tomemos SHA-256[58], una de las funciones hash[59] que se usa en Bitcoin, como un ejemplo concreto. Es sólo natural pensar acerca de 256 bits como "doscientos cincuenta y seis," el cual no es un número grande en absoluto. Sin embargo, el número en SHA-256 se está refiriendo a órdenes de magnitud – algo para lo cual nuestros cerebros no están bien equipados para lidiar con ello.

Mientras la longitud bit es una medida métrica convencional, el verdadero significado de la seguridad de 256-bits se pierde en la

---

[58] SHA -256 es parte de la familia SHA -2 de las funciones hash criptográficas desarrolladas por el NSA. [97]

[59] Bitcoin utiliza SHA-256 en su algoritmo de hash de bloque. [12]

traducción. Similarmente a los millones (10 elevado a la 6) y miles de millones (10 elevado a la 9) mencionados anteriormente, el número en SHA-256 es de órdenes de magnitud (2 elevado a la 256).
Entonces, ¿qué tan fuerte es SHA-256, exactamente?

"SHA-256 es muy fuerte. No es como el paso incremental de MD5 a SHA1. Puede durar varias décadas, a menos que haya algún ataque masivo de ruptura".

– Satoshi Nakamoto[60]

Vamos a deletrear todo esto. 2 elevado a la 256 equivale a el siguiente número:

115 quattuorvigintillones 792 trevigintillones 89 duovigintillones 237 unvigintillones 316 vigintillones 195 nonadecillones 423 octodecillones 570 septidecillones 985 seisdecillones 8 quindecillones 687 cuatrodecillones 907 tredecillones 853 duodecillones 269 undecillones 984 decillones 665 nonillones 640 octillones 564 septillones 39 sextillones 457 quintillones 584 cuadrillones 7 trillones 913 mil millones 129 millones 639 mil 936.

¡Eso es un lote de nonillones! Entender este número es imposible. No existe nada en el universo físico que se pueda comparar a él. Es mucho más grande que el número de átomos que hay en el universo observable. El cerebro humano simplemente no está hecho para darle sentido a esto.

Una de las mejores visualizaciones de la verdadera fuerza del SHA-256 es un video hecho por Grant Sanderson. Bien llamado *"Qué tan segura es la seguridad 256-bit?"*[61]
bellamente muestra qué tan largo es un espacio 256-bit. Hágase un favor a usted mismo, y tómese los cinco minutos para verlo. Como todos los demás videos 2 Blue1 Brown, no sólo es fascinante, sino también

---

[60] Satoshi Nakamoto, en respuesta a preguntas acerca de colisiones de SHA-256 [52]

[61] Ver el video en https://youtu.be//S9JGmA5_unY

excepcionalmente bien hecho. Advertencia: Puede ser que caigas en una madriguera de las matemáticas.

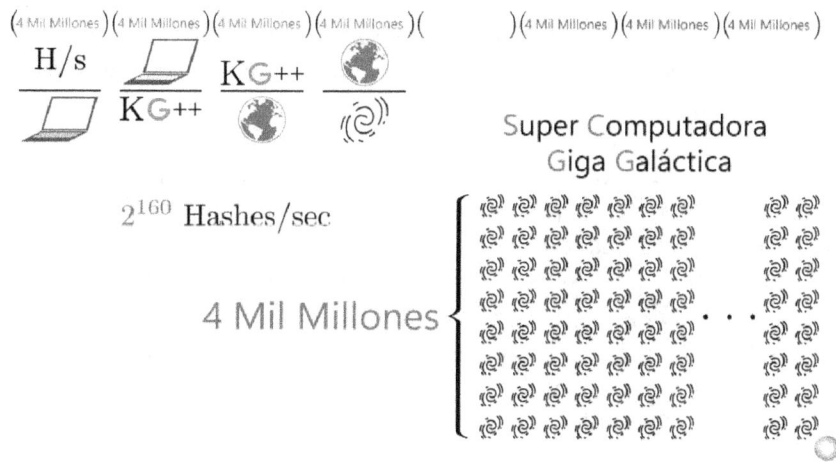

Ilustración 15.2: Ilustración de la seguridad de SHA-256. Gráfica original de Grant Sanderson aka 3 Blue 1 Brown.

Bruce Schneier [66] usó los límites físicos de la computación para poner a este número en perspectiva: aun si pudiéramos construir una computadora ideal, la cual usara cualquier energía proveída para voltear bits perfectamente [87], construir una esfera Dyson[62] alrededor de nuestro sol, y la dejáramos funcionar por 100 billones de billones de años, todavía tendríamos solo un 25% de posibilidades de encontrar una aguja en un pajar 256-bit.

"Estos números no tienen nada que ver con la tecnología de los dispositivos; ellos son lo máximo que la termodinámica permitirá. Y ellos seriamente implican que un ataque de fuerza brutal en contra de las llaves 256-bit será imposible, hasta el día en que las computadoras sean hechas de algo más que materia, y ocupen algo más que espacio".

---

[62] Una esfera Dyson es una megaestructura hipotética que completamente abarca una estrella y captura un largo porcentaje de su potencia de emisión.

– Bruce Schneier[63]

Es difícil exagerar la profundidad de esto. La fuerte criptografía invierte el balance de poder del mundo físico al que estamos acostumbrados. Las cosas irrompibles no existen en el mundo material. Aplica suficiente fuerza, y serás capaz de abrir cualquier puerta, caja, o cofre de tesoro.

El cofre del tesoro de Bitcoin es muy diferente. Está asegurado por una criptografía fuerte, la cual no se rinde a la fuerza bruta. Y mientras los supuestos matemáticos subyacentes se mantengan, la fuerza bruta es todo lo que tenemos. Siendo así, existe también la opción de un ataque global con una llave de perico de $5.00 (ilustración 15.3)
Pero la tortura no funcionará para todas las direcciones de bitcoin, y las paredes criptográficas de bitcoin vencerán los ataques de fuerza bruta. Aun si atacas con la fuerza de mil soles. Literalmente.

Ilustración 15.3: Ataque con llave de perico de $5. Fuente: xkcd 538

---

[63] Bruce Schneier, Applied Cryptography [65]

Este hecho y sus implicaciones fueron resumidos de manera conmovedora en el llamado a las armas criptográficas: *"Ninguna cantidad de fuerza coercitiva resolverá jamás un problema matemático"*.

"No es obvio que el mundo tuviera que funcionar así. Pero de alguna manera el universo sonríe en encripción".

– Julian Assange[64]

Nadie sabe todavía con seguridad si la sonrisa del universo es genuina o no. Es posible que nuestra suposición de las asimetrías matemáticas esté equivocada y que encontremos que P de hecho equivale a NP [95], o que encontremos sorpresivamente rápidas soluciones a problemas específicos [79] los cuales actualmente asumimos que son difíciles. Si ese fuera el caso, la criptografía tal y como la conocemos cesaría de existir, y lo más seguro es que las implicaciones cambiarían el mundo más allá de lo reconocible.

"Vires in Numeris" = "La fuerza de los números"[65]

"Vires in numeris no es solo un lema pegajoso usado por bitcoiners. La comprensión de que existe una fuerza insondable que se encuentra en los números es profunda. Comprender esto, y la inversión de los equilibrios de poder existentes que permite, cambió mi visión del mundo y del futuro que nos espera.

Un resultado directo de esto es el hecho de que no tienes que pedir a nadie permiso para participar en Bitcoin. No hay página en donde darse de alta, ni compañía a cargo, ni agencia gubernamental a donde mandar aplicaciones. Simplemente genera un número grande, y ya está bien. La

---

[64] Julian Assange, A Call to Cryptographic Arms [5]

[65] Vires in Numeris fue propuesto por primera vez como un lema de Bitcoin por el usuario de bitcointalk *epii [25]*

autoridad central de la creación de la cuenta son las matemáticas. Y solo Dios sabe quién está a cargo de ello.

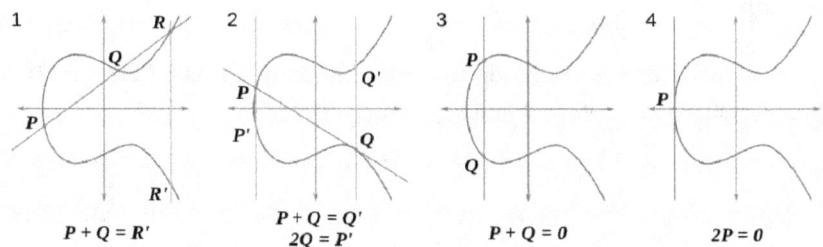

Ilustración 15.4 : Ejemplos de curvas elípticas.
Gráfica cc-by-sa Emmanuel Boutet.

Bitcoin está construido sobre nuestro mejor entendimiento de la realidad. Aunque aún existen muchos problemas por resolver en la física, la ciencia de la computación, y matemáticas, estamos bastante seguros acerca de algunas cosas. Que hay una asimetría entre encontrar soluciones y validar la exactitud de estas soluciones, es una de ellas. Que la computación necesita energía es otra. En otras palabras: encontrar una aguja en un pajar es más difícil que comprobar si la cosa puntiaguda en tu mano es efectivamente una aguja o no. Y encontrar la aguja requiere de trabajo.

La inmensidad del espacio de direcciones de Bitcoin es realmente alucinante. El número de llaves privadas lo es aún más. Es fascinante como nuestro mundo moderno se reduce a la improbabilidad de encontrar una aguja en un insondablemente grande pajar. Ahora soy más consciente que nunca de este hecho.

Bitcoin me enseñó que hay fuerza en los números.

16 Reflexiones Sobre "No Confiar, Verificar"

"Ahora, las evidencias", dijo el Rey, "y luego la sentencia".

– Lewis Carroll, *Alicia en El País de Las Maravillas*

Bitcoin pretende sustituir, o por lo menos proveer una alternativa, a la moneda convencional. La moneda convencional está ligada a una autoridad centralizada, no importa si estamos hablando acerca de moneda de curso legal como el dólar estadounidense, o el monopolio moderno del dinero como los V-Dólares de Fortnite.
En ambos ejemplos, estás ligado a la confianza en la autoridad central para expedir, manejar, y circular tu dinero. Bitcoin desata esa ligadura, y el problema principal que resuelve Bitcoin es el problema de *la confianza*.

"El problema a fondo de la moneda convencional es toda la confianza que se requiere para que funcione. [...] Lo que se necesita es un sistema de pago electrónico basado en una prueba criptográfica, en vez de confianza".

– Satoshi Nakamoto[66]

Bitcoin resuelve el problema de la confianza al ser completamente descentralizado, sin servicio central o entidades de confianza. Ni siquiera entidades terceras de confianza, sino entidades de confianza, punto. Cuando no hay una autoridad central, simplemente no hay nadie en quien confiar. Descentralización total es la innovación. Es la raíz de la resiliencia de Bitcoin, la razón por la cual aún está vivo. La descentralización es también razón por la cual tenemos minería de bitcoin, nodos, carteras de hardware, y si, el blockchain. Lo único en lo que tienes que "confiar" es en que nuestro entendimiento de las matemáticas y la física no está totalmente fuera de lugar, y que la mayoría de los mineros actúan honestamente (para lo cual están incentivados a hacerlo).

---

[66] Satoshi Nakamoto, anuncio oficial de bitcoin [50] y whitepaper [51]

Mientras que el mundo normal funciona bajo la suposición de "Confía pero verifica", Bitcoin funciona bajo la suposición de "no confíes, verifica".

Satoshi hizo muy clara la importancia de remover la confianza tanto en la introducción, así como en la conclusión del Whitepaper de Bitcoin.

"Conclusión: Hemos propuesto un sistema de transacciones electrónicas sin tener que depender de la confianza".

– Satoshi Nakamoto[67]

Hay que notar que *sin depender de la confianza* se usa aquí en un contexto muy específico. Estamos hablando de terceros en quienes confiar, es decir, otras entidades en quienes confías para producir, guardar, y procesar tu dinero. Se asume, por ejemplo, que puedes confiar en tu computadora.

Como Ken Thompson mostró en su conferencia del Premio Turing, la confianza es algo extremadamente complicado en el mundo de la computación. Cuando se ejecuta un programa, tienes que confiar en toda clase de software (y hardware) los cuales, en teoría, podrían alterar de forma maliciosa el programa que estás tratando de ejecutar. Como resumió Thompson en sus *Reflexiones sobre la Confianza:* "La moraleja es obvia. No puedes confiar en un código que no creaste tú mismo en su totalidad" [71].

---

[67] Satoshi Nakamoto, el Whitepaper de Bitcoin [51]

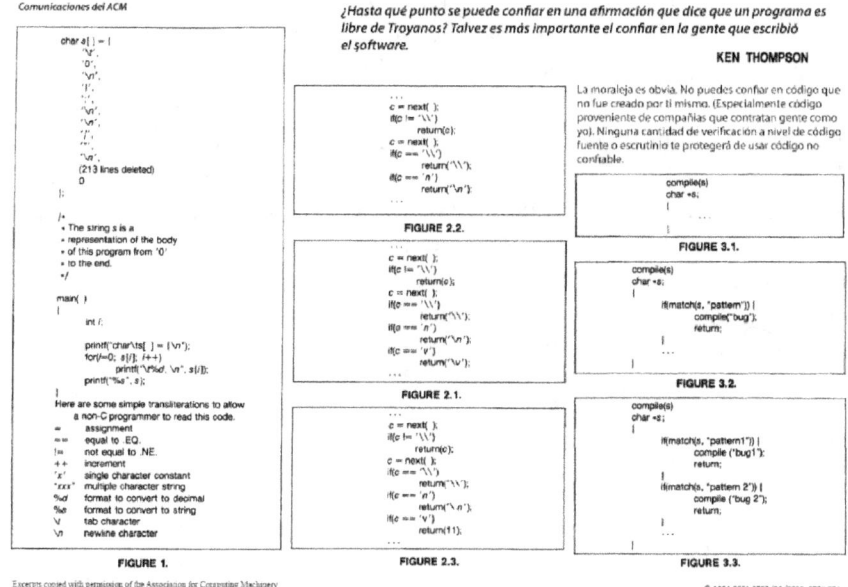

Ilustración 16.1: Extracto del texto de Ken Thompson 'Reflexiones Sobre la Confianza'

Thompson demostró que aun si tienes acceso a la fuente del código, tu compilador – o cualquier otro programa de manejo de programas o hardware – podría verse comprometido y sería muy difícil detectar esta puerta trasera. Por lo tanto, en la práctica, un verdadero sistema sin confianza no existe. Tendrías que crear todo tu software y todo tu hardware (ensambladores, compiladores, enlazadores, etc.) a partir de cero, sin la ayuda de un software externo o una maquinaria asistida por software.

"Si quieres hacer un pay de manzana a partir de cero, primero tienes que inventar el universo".

– Carl Sagan[68]

---

[68] Carl Sagan, Cosmos [64]

El hack de Ken Thompson es una puerta trasera particularmente ingeniosa y difícil de detectar, así es que demos un vistazo a una contrapuerta difícil de detectar la cual funciona sin modificar ningún software. Los investigadores encontraron la forma de comprometer un hardware de seguridad crítica, al alterar la polaridad de las impurezas del silicón. [9] Tan solo al cambiar las propiedades físicas del material del que están hechos los chips de las computadoras, ellos fueron capaces de comprometer un generador de números al azar el cual era criptográficamente seguro. Puesto que este cambio no puede verse, la puerta trasera no puede ser detectada mediante una inspección óptica, la cual es uno de los mecanismos más importantes de detección de irregularidades para chips como éste.

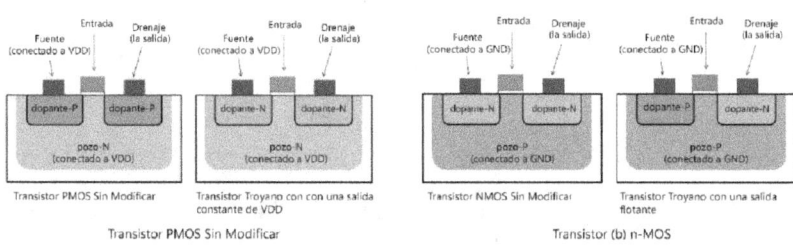

Ilustración 16.2: Troyanos de Hardware Sigilosos de Nivel Dopante por Becker, Regazzoni, Paar, Burleson.

¿Suena aterrador? Bueno, aun si pudieras construir todo a partir de cero, todavía habría que confiar en las matemáticas subyacentes. Tendrías que confiar en que ese *secp256k1* es una curva elíptica sin puertas traseras. Si, las puertas traseras maliciosas pueden ser insertadas en la fundación matemática de las funciones criptográficas y podría decirse que esto ya ha pasado por lo menos una vez [80]. Hay buenas razones para ser paranoico, y el hecho de que todo, desde tu hardware, tu software, hasta las curvas elípticas usadas pueden tener puertas traseras [82] son algunas de ellas.

"No confíes. Verifica".
– Bitcoiners everywhere.

Los ejemplos anteriores deberían ilustrar que la computación sin confianza es utópica. Bitcoin es probablemente el único sistema que se acerca más a esta utopía, pero aun así, se minimiza la confianza – buscando remover la confianza siempre que sea posible. Podría decirse que, la cadena de confianza no tiene fin, puesto que también tendrás que confiar en que la computación requiere de energía, que P no es igual a NP, y que en realidad estás en la realidad de base, y no encarcelado en una simulación creada por actores maliciosos.

Los programadores están trabajando en herramientas y procedimientos para minimizar aún más cualquier confianza restante. Por ejemplo, los programadores de Bitcoin crearon Gitian[69], que es un método de distribución de software para crear construcciones determinativas. La idea es que si múltiples programadores son capaces de reproducir binarios idénticos, la posibilidad de manipulación maliciosa se reduce.

Las puertas traseras extravagantes no son el único vector de ataque. Simplemente chantaje o extorsión son amenazas reales también. Como en el protocolo principal, la descentralización es usada para minimizar la confianza.

Se están haciendo varios esfuerzos para mejorar el problema del huevo y la gallina del bootstrapping que el hack de Ken Thompson señaló tan brillantemente [20]. Uno de esos esfuerzos es Guix[70] (se pronuncia giks), el cual utiliza la gestión de paquetes declarados funcionalmente, lo que permite realizar construcciones reproducibles de bit a bit. El resultado es que no tienes que confiar más en ningún servidor proveedor de software, puesto que puedes verificar que el binario servido no fue alterado al haber sido reconstruido en su totalidad. Recientemente, se ha fusionado una solicitud de extracción para integrar Guix en el proceso de construcción de Bitcoin[71].

---

[69] https://gitian.org/

[70] https://guix.gnu.org

[71] Ver PR 15277 of bitcoin-core: https://github.com/bitcoin/bitcoin/pull/15277

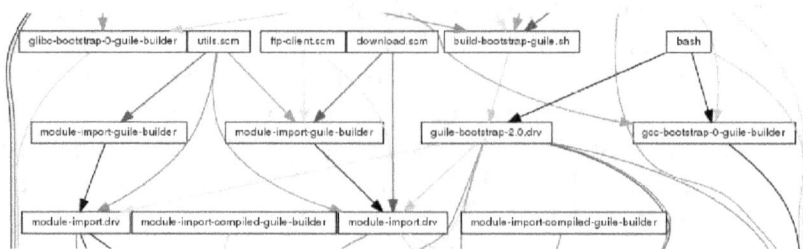

Ilustración 16.3: ¿Qué fue primero, el huevo o la gallina?

Por suerte, Bitcoin no depende de un solo algoritmo o pieza de hardware. Un efecto de la descentralización radical de Bitcoin es un modelo de seguridad distribuido. Aunque las puertas traseras descritas anteriormente no deben tomarse a la ligera, es poco probable que cada cartera de software, cada hardware wallet, cada biblioteca criptográfica, cada implementación de nodo, y cada compilador de cada lenguaje se vea comprometido. Posible, pero muy poco probable.

Ten en cuenta que se puede generar una llave privada sin depender de ningún hardware computacional o software. Puedes lanzar una moneda [4] un par de veces, aunque dependiendo de tu moneda y estilo de lanzamiento, esta fuente de aleatoriedad puede no ser suficientemente aleatoria. Hay una razón por la cual los protocolos de almacenamiento como Glacier[72] recomiendan usar un dado grado casino como una de las dos fuentes de entropía.

Bitcoin me forzó a reflexionar acerca de lo que implica realmente el no confiar en nadie. Incrementó mi conciencia de lo que supone el problema de bootstrapping, y de la cadena de confianza en el desarrollo y la ejecución del software. También me hizo tomar conciencia de las muchas maneras en que el software y el hardware pueden verse comprometidos.

Bitcoin me enseñó a no confiar, sino verificar.

---

[72] https://glacierprotocol.org/

17 Decir La Hora Requiere de Trabajo

"¡Querida, querida! ¡Llegaré demasiado tarde!"

– Lewis Carroll, *Alicia en el País de Las Maravillas*

Se dice a menudo que los bitcoins se minan porque miles de computadoras trabajan en resolver problemas matemáticos *muy complejos*. Algunos problemas tienen que resolverse, y si calculas la respuesta correcta, "produces" un bitcoin. Mientras que esta visión simplificada de la minería de bitcoins puede ser más fácil de transmitir, se pierde un poco el punto. Los bitcoins no son producidos o creados, y el problema en sí no es en realidad el de resolver problemas matemáticos en particular. Además, las matemáticas no son particularmente complejas. Lo que es complicado es *decir la hora* en un sistema descentralizado.

Tal y como se describe en el whitepaper, el sistema de proof-of-work (también conocido como minería) es una forma de implementar un servidor de sellos de tiempo.

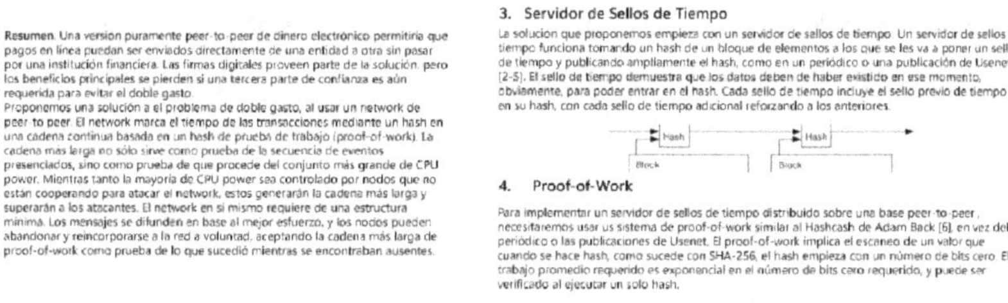

Resumen. Una version puramente peer-to-peer de dinero electrónico permitiría que pagos en línea puedan ser enviados directamente de una entidad a otra sin pasar por una institución financiera. Las firmas digitales proveen parte de la solución, pero los beneficios principales se pierden si una tercera parte de confianza es aún requerida para evitar el doble gasto.
Proponemos una solución a el problema de doble gasto, al usar un network de peer-to-peer. El network marca el tiempo de las transacciones mediante un hash en una cadena continua basada en un hash de prueba de trabajo (proof-of-work). La cadena más larga no sólo sirve como prueba de la secuencia de eventos presenciados, sino como prueba de que procede del conjunto más grande de CPU power. Mientras tanto la mayoría de CPU power sea controlado por nodos que no están cooperando para atacar el network, estos generarán la cadena más larga y superarán a los atacantes. El network en sí mismo requiere de una estructura mínima. Los mensajes se difunden en base al mejor esfuerzo, y los nodos pueden abandonar y reincorporarse a la red a voluntad, aceptando la cadena más larga de proof-of-work como prueba de lo que sucedió mientras se encontraban ausentes.

3. Servidor de Sellos de Tiempo

La solucion que proponemos empieza con un servidor de sellos de tiempo. Un servidor de sellos de tiempo funciona tomando un hash de un bloque de elementos a los que se les va a poner un sello de tiempo y publicando ampliamente el hash, como en un periódico o una publicación de Usenet [2-5]. El sello de tiempo demuestra que los datos deben de haber existido en ese momento, obviamente, para poder entrar en el hash. Cada sello de tiempo incluye el sello previo de tiempo en su hash, con cada sello de tiempo adicional reforzando a los anteriores.

4. Proof-of-Work

Para implementar un servidor de sellos de tiempo distribuido sobre una base peer-to-peer, necesitaremos usar us sistema de proof-of-work similar al Hashcash de Adam Back [6], en vez del periódico o las publicaciones de Usenet. El proof-of-work implica el escaneo de un valor que cuando se hace hash, como sucede con SHA-256, el hash empieza con un número de bits cero. El trabajo promedio requerido es exponencial en el número de bits cero requerido, y puede ser verificado al ejecutar un solo hash.

Ilustración 17.1: Extractos del whitepaper. ¿Alguien dijo cadena de tiempo?

Cuando aprendí por primera vez cómo funciona Bitcoin, yo también pensaba que el proof-of-work es ineficiente y despilfarrador. Después de un tiempo, empecé a cambiar mi perspectiva en cuanto al consumo de energía de Bitcoin [29]. Parece que el proof-of-work sigue siendo ampliamente incomprendido hoy en día, en el año 10 DB (después de Bitcoin).

Ya que los problemas a resolver en el proof-of-work son inventados, mucha gente parece creer que es trabajo *inútil*. Si el enfoque es puramente en el cálculo, esta es una conclusión comprensible. Pero Bitcoin no se trata de computación. Se trata de *independientemente estar de acuerdo en el orden de las cosas*.

Proof-of-work es un sistema en el cual todos pueden validar lo que pasó y en qué orden sucedió. Esta validación independiente es lo que lleva a un consenso, un acuerdo individual de múltiples partes acerca de quién es el dueño de qué.

En un medio radicalmente descentralizado, no podemos darnos el lujo del tiempo absoluto. Cualquier reloj podría introducir a una tercera parte de confianza, un punto central en el sistema en el que habría que confiar y el cual pudiera ser atacado. "El tiempo es el problema principal", como señala Grisha Trubetskoy [73].
Y Satoshi resolvió brillantemente este problema al implementar un reloj descentralizado vía un blockchain de proof-of-work. Todos están de acuerdo de antemano en que la cadena con el trabajo más acumulativo es la fuente de la verdad. Es por definición lo que realmente sucedió. Este acuerdo es lo que se conoce ahora como el consenso Nakamoto.

"El network marca el tiempo de las transacciones por medio de un hash dentro de una cadena en curso la cual sirve como prueba de la secuencia de eventos presenciados".

– Satoshi Nakamoto[73]

Sin una forma consistente de decir la hora, no hay una manera consistente de decir antes y después. Un orden confiable es imposible. Como se mencionó anteriormente, el consenso Nakamoto es la forma en que Bitcoin dice la hora de forma concisa. La estructura de incentivos del sistema produce un reloj probabilístico y descentralizado, al utilizar tanto la avaricia, como el propio interés de los participantes en competencia. El hecho de que este reloj sea impreciso es irrelevante porque el orden de

---

[73] Grisha Trubetskoy. Blockchain Proof-of-work is a Decentralized Clock https://grisha.org/blog/2018/01/23/explaining-proof-of-work/. 2018

eventos es eventualmente inambiguo, y puede ser verificado por todo el mundo.

Gracias al proof-of-work, tanto el trabajo como la validación del trabajo son radicalmente descentralizados. Todo el mundo puede entrar y salir a voluntad, y todo el mundo puede validar todo en todo momento. No sólo eso, cualquier persona puede validar el estado del sistema individualmente, sin tener que confiar en nadie más para la validación.

El entender el proof-of-work toma tiempo. Es a menudo contraintuitivo, y mientras las reglas son simples, conducen a un fenómeno bastante complejo. Para mí, el desplazar mi perspectiva de la minería de Bitcoin me ayudó. Útil, no inútil. Validación, no computación. Tiempo, no bloques.

Bitcoin me enseñó que decir la hora es complicado, especialmente si estás descentralizado.

18 Muévete Lentamente y No rompas cosas

Así que el barco avanza lentamente, bajo el brillante día de verano, con su alegre tripulación y su música de voces y risas...

– Lewis Carroll, *Alicia en el País de Las Maravillas*

Puede que sea un mantra muerto, pero "muévete rápidamente y rompe cosas" es todavía como opera gran parte del mundo de la tecnología. La idea de que no importa si haces las cosas bien al primer intento es un pilar básico de la mentalidad de *fallar pronto, fallar a menudo*. El éxito se mide en crecimiento, así es que mientras estés creciendo todo está bien. Si algo no funciona al principio simplemente hay que pivotar e improvisar. En otras palabras: tira suficiente mierda a la pared y a ver qué se pega.

Bitcoin es muy diferente. Es diferente por diseño. Es diferente por necesidad. Como Satoshi señaló, la moneda electrónica se ha puesto a prueba muchas veces anteriormente, y todos los intentos previos han fallado debido a que había una cabeza que podía cortarse.
La innovación de Bitcoin es que es una bestia sin cabezas.

"Mucha gente descarta automáticamente la moneda electrónica como una causa perdida por culpa de todas las compañías que han fallado desde los 1990's. Espero que sea obvio que fue solo la naturaleza controlada centralmente de esos sistemas lo que los condenó".

– Satoshi Nakamoto[74]

Una consecuencia de esta descentralización radical es una resistencia inherente al cambio. "Muévete rápido y rompe cosas" no funciona, y nunca funcionará en la capa base de Bitcoin. Aún si fuera deseable, no sería posible sin convencer a todo el mundo de que cambien su forma de actuar. Eso es consenso distribuido. Esa es la naturaleza de Bitcoin.

---

[74] Satoshi Nakamoto, en una respuesta a Sepp Hasslberger [54]

"La naturaleza de bitcoin es tal que una vez que la versión 0.1 fue lanzada, el diseño del núcleo fue grabado en piedra por el resto de su vida".

– Satoshi Nakamoto[75]

Esta es una de las muchas propiedades paradójicas de Bitcoin. Todos llegamos a creer que cualquier cosa que es software puede ser modificada con facilidad. Pero la naturaleza de la bestia hace que cambiarla sea sangrientamente difícil.

Como Hasu muestra bellamente en Desempaquetando El Contrato Social de Bitcoin [32], el cambiar las reglas de Bitcoin sólo es posible al *proponer* un cambio, y por consecuencia al *convencer* a todos los usuarios de Bitcoin de que adopten este cambio. Esto hace a Bitcoin muy resistente al cambio, aun cuando es software.

Esta resiliencia es una de las más importantes propiedades de Bitcoin. Los sistemas de software críticos tienen que ser antifrágiles, y es lo que la interacción de la capa social de Bitcoin y su capa tecnológica garantiza. Los sistemas monetarios son adversarios por naturaleza, y como hemos sabido por miles de años, los cimientos sólidos son esenciales en un medio ambiente adversario.

"La lluvia cayó, las inundaciones llegaron, y los vientos soplaron, y golpearon esa casa; y no se derrumbó, porque estaba cimentada sobre la roca".

– Matthew 7:24-27

Podría decirse que, en esta parábola del sabio y los tontos constructores, Bitcoin no es la casa; es la roca. Inmutable, inmóvil, proveyendo el cimiento para un nuevo sistema financiero.

Como los geólogos, que saben que las formaciones rocosas siempre se están moviendo y evolucionando, uno puede ver que Bitcoin siempre se

---

[75] Satoshi Nakamoto, en una respuesta a Gavin Andresen [54]

está moviendo y evolucionando también. Solo tienes que saber a dónde mirar y cómo mirarlo.

La introducción de pay to script hash[76] y segregated witness[77] son prueba de que las reglas de Bitcoin pueden ser cambiadas si suficientes usuarios están convencidos de que el adoptar el cambio propuesto es beneficioso para el network. El último habilitó el desarrollo del lightning network[78], el cual es una de las casas construidas sobre los cimientos sólidos de Bitcoin. Futuras actualizaciones como las firmas de Schnorr [60] incrementarán la eficiencia y la privacidad, así como los guiones (leer: smart contracts) los cuales serán indistinguibles de las transacciones habituales gracias a Taproot [31]. Sabios constructores en efecto construyen sobre cimientos sólidos.

Satoshi no solo era un constructor sabio tecnológicamente. También entendió que sería necesario tomar decisiones sabias ideológicamente.

"Ser código abierto significa que cualquiera puede independientemente revisar el código. Si fuera código cerrado, nadie podría verificar la seguridad de éste. Creo que es esencial para un programa de esta naturaleza el ser código abierto".

– Satoshi Nakamoto[79]

La apertura es primordial para la seguridad, y es inherente al código abierto y el movimiento del software libre. Como señaló Satoshi, los protocolos seguros y el código que los implementa tienen que ser

---

[76] Las transacciones pay to script hash (P2SH) fueron estandarizadas en BIP 16. Ellas permiten que las transacciones sean enviadas a un script hash (dirección que empieza con 3) en vez de a un hash de llave pública (direcciones que empiezan con 1). [15]

[77] Segregated Witness (se abrevia SegWit) es una actualización del protocolo implementado que pretende proveer protección en contra de la maleabilidad de la transacción e incrementar la capacidad del bloque. SegWit separa el testigo de la lista de entradas. [16

[78] https://lightning.network/

[79] Satoshi Nakamoto, en una respuesta a SmokeTooMuch [56]

abiertos – no hay seguridad a través de la oscuridad. Otro beneficio está nuevamente relacionado con la descentralización: el código que puede ser ejecutado, estudiado, modificado, copiado, y distribuido libremente, asegura que sea propagado a lo largo y ancho.

La naturaleza radicalmente descentralizada de Bitcoin es lo que hace que se mueva lenta y deliberadamente. Un network de nodos, cada uno ejecutado por un individuo soberano, es inherentemente resistente al cambio – malicioso o no. Sin forma de forzar implementaciones sobre los usuarios, la única manera de introducir cambios es a través de convencer lentamente a todos y cada uno de esos individuos para que adopten un cambio. Este proceso no central de introducir y desplegar cambios, es lo que hace al network increíblemente resistente a los cambios maliciosos. También es lo que hace que arreglar las cosas rotas sea más difícil que en un entorno centralizado, que es por lo que todo el mundo trata de no romper las cosas en primer lugar.

Bitcoin me enseñó que el moverse lentamente es una de sus características, no un error.

19 La Privacidad No Ha Muerto

Los jugadores jugaron todos al mismo tiempo sin esperar su turno, y discutieron todo el tiempo gritando tanto como podían, y en unos cuantos minutos la Reina se puso furiosa, y fue paseándose y gritando "¡cortenle la cabeza!" "¡cortenle la cabeza!" a cada minuto, aproximadamente.

– Lewis Carroll, *Alicia en El País de Las Maravillas*

Si hemos de creer en los expertos, la privacidad ha estado muerta desde los años 80[80]. La invención seudónima de Bitcoin y otros eventos recientes en la historia muestran que este no es el caso. La privacidad está viva, aunque no sea nada fácil escapar del estado de vigilancia.

Satoshi hizo todo lo posible por cubrir sus huellas y ocultar su identidad. Diez años más tarde, no se sabe todavía si Satoshi Nakamoto fue una sola persona, un grupo de personas, masculino, femenino, o un viajero del tiempo AI que se auto–aprende para apoderarse del mundo. Teorías conspirativas aparte, Satoshi escogió identificarse como un hombre Japonés, que es por lo que no asumo, sino respeto el sexo que eligió y me refiero a su persona como él.

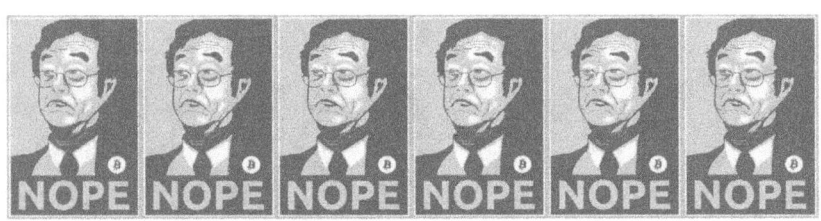

Ilustración 19.1: No soy Dorian Nakamoto.

Cualquiera que sea su verdadera identidad, Satoshi tuvo éxito en ocultarla. Puso un ejemplo alentador para todo aquel que desee mantenerse en el anonimato: es posible el tener privacidad en línea.

---

[80] https://bit.ly/privecy-is-dead

"La encriptación funciona. Los sistemas de encriptación propiamente implementados son una de las pocas cosas en las que puedes confiar".

– Edward Snowden[81]

Satoshi no fue el primer seudónimo o inventor anónimo, y no será el último.
Algunos han imitado directamente este estilo de publicación seudónima, como Tom Elvis Yedusor de la fama de MimbleWimble, [72] mientras que otros han publicado pruebas matemáticas avanzadas mientras se mantienen completamente anónimos [3].

Es un extraño nuevo mundo en el que estamos viviendo. Un mundo en donde la identidad es opcional, las contribuciones se aceptan basadas en el mérito, y la gente puede colaborar y realizar transacciones libremente. Se necesitará algún ajuste para sentirse cómodo con estos nuevos paradigmas, pero creo firmemente que todo esto tiene el potencial de cambiar el mundo para bien.

Todos deberíamos recordar que la privacidad es un derecho humano fundamental[82] Mientras la gente ejercite y defienda estos derechos, la batalla por la privacidad está lejos de terminar.

Bitcoin me enseñó que la privacidad no ha muerto.

---

[81] Edward Snowden, answers to reader questions[67]

[82] Declaración Universal de Los Derechos Humanos, Artículo 12.[6]

20 Los Cypherpunks Escriben Código

"Veo que estás tratando de inventar algo".

– Lewis Carroll, *Alicia en El País de Las Maravillas*

Así como muchas grandes ideas, Bitcoin no salió de la nada. Fue posible al utilizar y combinar muchas innovaciones y descubrimientos en matemáticas, física, informática, y otros campos. Aunque sin duda es un genio, Satoshi nunca hubiera podido inventar Bitcoin sin los gigantes sobre cuyos hombros estaba parado.

"Aquel que solo desea y espera, no interfiere activamente con el curso de los acontecimientos y en la configuración de su propio destino".

– Ludwig von Mises[83]

Uno de esos gigantes es Eric Hughes, uno de los fundadores del movimiento cypherpunk y autor de A *Cypherpunk's Manifesto*. Es difícil imaginar que Satoshi no fue influenciado por este manifiesto. Habla de muchas cosas que Bitcoin permite y utiliza, tales como transacciones directas y privadas, dinero electrónico y en efectivo, sistemas anónimos, y defender la privacidad con criptografía y firmas digitales.

"La privacidad es necesaria para una sociedad abierta en la era electrónica. [...] Ya que deseamos privacidad, debemos asegurar que cada uno de los que participan en una transacción tengan conocimiento sólo de aquello que es directamente necesario para realizar esa transacción. [...] Por lo tanto, la privacidad en una sociedad abierta requiere de sistemas de transacciones anónimas. Hasta ahora, el dinero en efectivo ha sido el principal sistema de esa clase. Un sistema de transacciones anónimas no es un sistema de transacciones secretas. [...] Nosotros, los Cypherpunks estamos dedicados a construir sistemas anónimos. Estamos defendiendo nuestra privacidad con criptografía, con sistemas de reenvío de correo anónimo, con firmas digitales, y con dinero electrónico. Cypherpunks write code".

---

[83] Ludwig

– Eric Hughes[84]

Los Cypherpunks no encuentran consuelo en las esperanzas y los deseos. Ellos interfieren activamente con el curso de los eventos y configuran su propio destino.
Los Cypherpunks escriben código.

Por lo tanto, en la verdadera moda cypherpunk, Satoshi se sentó y empezó a escribir código. Código que tomó una idea abstracta y probó al mundo que realmente funcionaba. Código que plantó la semilla de una nueva realidad económica. Gracias a este código, todo el mundo puede verificar que este sistema novedoso realmente funciona, y cada 10 minutos aproximadamente, Bitcoin demuestra al mundo que todavía está vivo.

```
23  map<uint256, CBlockIndex*> mapBlockIndex;
24  const uint256 hashGenesisBlock("0x000000000019d6689c085ae165831e934ff763ae46a2a6c172b3f1b60a8ce26f");
25  CBlockIndex* pindexGenesisBlock = NULL;
26  int nBestHeight = -1;
27  uint256 hashBestChain = 0;
28  CBlockIndex* pindexBest = NULL;

675 int64 CBlock::GetBlockValue(int64 nFees) const
676 {
677     int64 nSubsidy = 50 * COIN;
678
679     // Subsidy is cut in half every 4 years
680     nSubsidy >>= (nBestHeight / 210000);
681
682     return nSubsidy + nFees;
683 }
684
685 unsigned int GetNextWorkRequired(const CBlockIndex* pindexLast)
686 {
687     const unsigned int nTargetTimespan = 14 * 24 * 60 * 60; // two weeks
688     const unsigned int nTargetSpacing = 10 * 60;
689     const unsigned int nInterval = nTargetTimespan / nTargetSpacing;
690
691     // Genesis block
692     if (pindexLast == NULL)
693         return bnProofOfWorkLimit.GetCompact();
```

Ilustración 20.1: Extractos del código de Bitcoin versión 0.1
Para asegurarse de que su innovación trasciende la fantasía y se convierte en realidad, Satoshi escribió código para implementar su idea antes de

---

[84] Eric Hughes, A Cypherpunk's Manifesto [37]

escribir el whitepaper. También se aseguró de no retrasar[85] ningún lanzamiento para siempre. Después de todo, "Siempre habrá una cosa más que hacer".

"Tuve que escribir todo el código antes de que pudiera convencerme de que yo podría resolver cada problema, entonces escribí el papel".

– Satoshi Nakamoto[86]

En el mundo actual de promesas interminables y ejecuciones dudosas, un ejercicio de construcción dedicada era desesperadamente necesario. Sé deliberado, convéncete de que realmente puedes resolver los problemas, e implementar las soluciones. Todos deberíamos aspirar a ser un poco más cypherpunk.

Bitcoin me enseñó que los cypherpunks escriben código.

---

[85] "No deberíamos retrasarnos para siempre hasta que todo aspecto posible esté listo."

[86] Satoshi Nakamoto, Re: Bitcoin P2P e-cash paper [55]

21 Metáforas para El futuro de Bitcoin

"Se que algo interesante va a suceder..."
– Lewis Carroll, *Alicia en El País de Las Maravillas*

En las dos últimas décadas, se ha hecho aparente que la innovación tecnológica no sigue una tendencia lineal. Creas en la singularidad tecnológica o no, no se puede negar que el progreso es exponencial en muchos campos. No solo eso, pero el ritmo en que las tecnologías están siendo adoptadas es acelerado, y antes de que te des cuenta, el arbusto en el patio de la escuela local ha desaparecido, y tus hijos prefieren usar Snapchat. Las curvas exponenciales tienen la tendencia de darte una bofetada mucho antes de que las veas venir.

Bitcoin es una tecnología exponencial construida sobre tecnologías exponenciales. *Nuestro Mundo en Data*[87] bellamente muestra la velocidad creciente de la adopción tecnológica, empezando en 1903 con la introducción de las líneas telefónicas (ver Ilustración 21.1). Líneas telefónicas, electricidad, computadoras, internet, smartphones; todos siguen tendencias lineares en precio-rendimiento y adopción. Bitcoin lo hace también [22].

---

[87] https://ourworldindata.org/

Ilustración 21.1:   Bitcoin es prácticamente fuera de serie.

Bitcoin no tiene uno, sino múltiples efectos de red[88], todos los cuales resultan en patrones de crecimiento exponencial en su área respectiva: precio, usuarios, seguridad, programadores, porcentaje de mercados, y adopción como dinero global.

Habiendo sobrevivido su infancia, Bitcoin continúa su crecimiento cada día en más de un aspecto. Es cierto que la tecnología aún no ha alcanzado la madurez. Puede ser que esté en su adolescencia. Pero si la tecnología es exponencial, el camino de la oscuridad a la ubicuidad es corto.

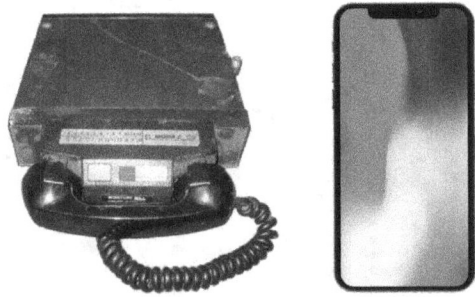

Ilustración 21.2:   Teléfono celular, ca 1965 vs. 2019.

En su TED talk del 2003, Jeff Bezos escogió usar la electricidad como metáfora para la web del futuro[89]. Estos tres fenómenos – la electricidad, el internet, Bitcoin – están habilitando tecnologías, redes que permiten otras cosas. Son infraestructuras sobre las que se puede construir, fundamentales por naturaleza.

---

[88] Trace Mayer, The Seven Network Effects of Bitcoin [43]

[89] http://bit.ly/bezos-web

La electricidad ya ha existido desde hace tiempo. La damos por un hecho. El internet es bastante más joven, pero más gente lo toma como un hecho también. Bitcoin tiene diez años de existir, y ya ha entrado en la conciencia pública durante el último ciclo de hype. Sólo los primeros que lo adoptaron lo toman como un hecho. Mientras más tiempo pase, más y más gente reconocerá a Bitcoin como algo que simplemente es[90].

En 1994, el internet era todavía confuso e intuitivo. Al ver esta grabación vieja del *Today Show*[91] se hace obvio que lo que parece natural e intuitivo hoy en día, en realidad no lo era en aquel entonces. Bitcoin es todavía confuso y ajeno para la mayoría de la gente, pero al igual que el internet es una segunda naturaleza para los nativos digitales; el gastar y acumular sats[92] será una segunda naturaleza para los nativos de bitcoin del futuro.

"El futuro ya está aquí – solo que no está equitativamente distribuido".

– William Gibson[93]

En 1995, cerca del 15% de adultos Americanos usaron el internet. Los datos históricos recolectados por el Pew Research Center [27] muestran cómo el internet se ha entretejido en todas nuestras vidas. De acuerdo a la encuesta del consumidor hecha por Kaspersky Lab [40], 13% de los encuestados han usado Bitcoin y sus clones para pagar por bienes en el 2018. Mientras que el hacer pagos no es el único uso que se le da a bitcoin, es un indicativo de en donde nos encontramos en tiempo de internet: a principios y mediados de los 90.

---

[90] A esto se le conoce como el Lindy Effect. El Lindy effect es una teoría sobre la futura duración de la vida de algunas cosas no perecederas como una tecnología o una idea, que es proporcional a su edad actual, de tal forma que cada periodo adicional de supervivencia implica una expectativa de vida restante más larga.[89]

[91] https://youtu.be/U1Jku_CSyNg

[92] https://twitter.com/hashtag/stackingsats

[93] William Gibson, The Science in Science Fiction [28]

En 1997, Jeff Bezos afirmó en una carta a sus accionistas [11] que "este es el día 1 para el internet", reconociendo el gran potencial del internet no explotado todavía y, por consiguiente, su empresa. Cualquiera que sea este día para Bitcoin, las enormes cantidades de potencial sin explotar son claras para todos, excepto para el observador más casual.

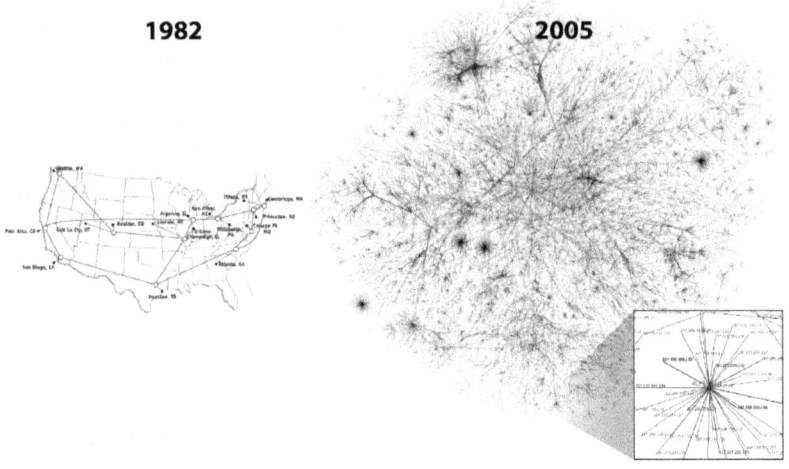

Ilustración 21.3: El internet, 1982 vs. 2005. Fuente: cc-by Merit Network, Inc. and Barrett Lyon, Opte Project.

El primer nodo de Bitcoin se puso en línea en el 2009 después de que Satoshi minó el *block genesis*[94] y liberó el software en la selva. Su nodo no estuvo solo por mucho tiempo. Hal Finney fue uno de los primeros en captar la idea y unirse al network. Diez años más tarde a partir de este escrito, más de 75,000[95] nodos están ejecutando bitcoin.

---

[94] El block génesis es el primer block del Bitcoin block chain. Versiones modernas de Bitcoin lo numeran como el block 0, aunque versiones muy tempranas lo numeraron como el block 1. El block génesis es normalmente codificado en el software de las aplicaciones que utilizan el block chain de Bitcoin. Es un caso especial por el hecho de que no hace referencia a blocks previos y produce un subsidio no gastable. El parámetro *coinbase* contiene, junto con los datos normales, el texto siguiente: *"The Times 03/Jan/2009 Chancellor on brink of second bailout for banks"* [14]

[95] https://bit.ly/luke-nodecount

Ilustración 21.4: Hal Finney fue el autor del primer tweet que mencionaba a Bitcoin en Enero del 2009.

La capa base del protocolo no es lo único que está creciendo exponencialmente. El lightning network, una tecnología de segunda capa, está creciendo a un ritmo aún más acelerado.

En Enero del 2018, el lightning network tenía 40 nodos y 60 canales [103]. En Abril del 2019, el network creció más de 4,000 nodos y alrededor de 40,000 canales. Hay que tener en cuenta que esta es todavía una tecnología experimental en donde la pérdida de fondos puede suceder, y de hecho sucede. Aun así la tendencia es clara: miles de personas son implacables y están ansiosas por utilizarla.

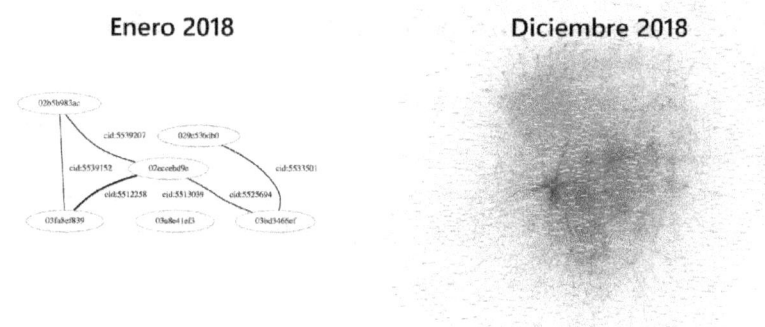

Ilustración 21.5: El Lightning Network, Enero 2018 vs. Diciembre 2018 Fuente: Jameson Lopp.

Para mí, habiendo vivido la alza meteórica de la web, los paralelos que existen entre el internet y Bitcoin son obvios. Ambos son networks, ambos son tecnologías exponenciales, y ambos permiten nuevas posibilidades, nuevas industrias, nuevas formas de vida. Tal y como la electricidad fue la mejor metáfora para entender hacia dónde se dirige el internet, el internet puede ser la mejor metáfora para entender hacia dónde se está dirigiendo Bitcoin. O, en las palabras de Andreas Antonopoulos, Bitcoin es *El Internet del Dinero*. Estas metáforas son un gran recordatorio de que mientras la historia no se repite a sí misma, a menudo rima.

Las tecnologías exponenciales son difíciles de captar, y a menudo son menospreciadas. Aun cuando he tenido un gran interés en tales tecnologías, estoy constantemente sorprendido por su ritmo de progreso e innovación. Observar el crecimiento del ecosistema de Bitcoin es como observar el surgimiento del internet a alta velocidad. Es excitante. Mi búsqueda al intentar dar sentido a Bitcoin me ha llevado por los caminos de la historia en más de un sentido. Entender antiguas estructuras sociales, el dinero del pasado, y cómo evolucionaron las redes de comunicación, fueron parte del viaje. Desde el hacha de mano hasta el smartphone, la tecnología sin duda ha cambiado nuestro mundo muchas veces. Las Tecnologías en red son especialmente transformadoras: La escritura, las carreteras, la electricidad, el internet. Todas ellas cambiaron el mundo. Bitcoin ha cambiado mi mundo, y continúa cambiando las mentes y los corazones de aquellos que se atreven a usarlo.

Bitcoin me enseñó que comprender el pasado es esencial para entender su futuro. Un futuro que no ha hecho más que empezar…

Reflexiones Finales

Conclusión

"Empieza por el principio" Dijo el Rey, muy seriamente, "y continúa hasta que llegues al final: entonces para".

– Lewis Carroll, *Alicia en el País de Las Maravillas*

Como se mencionó al principio, creo que cualquier respuesta a la pregunta "¿Qué has aprendido de Bitcoin?" siempre será incompleta. La simbiosis de lo que puede verse como múltiples sistemas vivientes – Bitcoin, la tecnosfera, y la economía – están muy entrelazadas, los temas son muy numerosos, y las cosas se están moviendo demasiado rápido como para que una sola persona pueda comprenderlas por completo.

Aún sin comprenderlas por completo, y aún con todas sus peculiaridades y aparentes deficiencias, Bitcoin sin duda alguna funciona. Sigue produciendo bloques cada diez minutos aproximadamente, y lo hace maravillosamente. Cuanto más siga funcionando Bitcoin, más gente optará por usarlo.

"Es cierto que las cosas son bellas cuando funcionan. El arte es función".

– Giannina Braschi[96]

Bitcoin es un hijo del internet. Está creciendo exponencialmente, difuminando las líneas entre disciplinas. No está claro, por ejemplo, en dónde termina el ámbito de la tecnología pura, y en donde empieza otro ámbito. Aun cuando Bitcoin requiere de computadoras para funcionar eficientemente, la informática no es suficiente para entenderlo. Bitcoin no solo no tiene fronteras en cuanto a su funcionamiento más esencial, pero tampoco tiene barreras en cuanto a disciplinas académicas. La economía, la política, la teoría de los juegos, la historia monetaria, la teoría de las redes, las finanzas, la criptografía, la teoría de la

---

[96]Giannina Braschi, *Empire of Dreams* [18]

información, la censura, la ley y la regulación, la organización humana, la psicología – todas estas y más son áreas de conocimiento las cuales pueden ayudar en la búsqueda del entendimiento de cómo Bitcoin funciona y de lo que es Bitcoin.

Ninguna invención es responsable por sí sola de su éxito. Es la combinación de múltiples piezas previamente no relacionadas entre sí, amalgamadas por los incentivos de la teoría de juegos, que conforman la revolución que es Bitcoin. La hermosa mezcla de muchas disciplinas es lo que hace a Satoshi un genio.

Como todo sistema complejo, Bitcoin tiene que hacer concesiones en términos de eficiencia, costos, seguridad, y muchas otras propiedades. Al igual que no hay una solución perfecta para sacar un cuadro de un círculo, cualquier solución a los problemas que Bitcoin trata de resolver siempre será imperfecta también.

"No creo que volvamos a tener un buen dinero antes de quitarlo de las manos del gobierno, es decir, no podemos sacarlo violentamente de las manos del gobierno, todo lo que podemos hacer es a través de alguna forma astuta e indirecta de introducir algo que ellos no puedan detener".

– Friedrich Hayek[97]

Bitcoin es astuto, es una forma indirecta y astuta de reintroducir buen dinero en el mundo. Lo hace al poner a un individuo soberano detrás de cada nodo, tal y como Da Vinci trató de resolver el intratable problema de cuadrar un círculo al colocar al Hombre de Vitruvio en su centro. Los nodos remueven efectivamente cualquier concepto de un centro, creando un sistema que es sorprendentemente antifrágil y extremadamente difícil de clausurar.

Bitcoin vive, y el latido de su corazón probablemente durará más que el de todos nosotros.

---

[97] Friedrich Hayek on Monetary Policy, the Gold Standard, Deficits, Inflation, and John Maynard Kaynes https://youtu.be/EYhEDxFwFRU

Espero que hayas disfrutado estas veintiún lecciones. Tal vez la lección más importante es que Bitcoin debería examinarse holísticamente, desde múltiples ángulos, si se quiere tener algo que se aproxime a una imagen completa. Así como el remover una parte de un sistema complejo destruye la totalidad de este, examinar partes de Bitcoin de forma aislada parece empañar su comprensión. Si tan solo una persona elimina "blockchain" de su vocabulario y lo reemplaza por "una cadena de blocks" moriré como un hombre feliz.

En todo caso, mi viaje continúa. Tengo planes de aventurarme más en las profundidades de esta madriguera de conejo, y te invito a acompañarme en el viaje[98].

---

[98] https://twitter.com/dergigi

Agradecimientos

Gracias a los incontables autores y productores de contenido quienes influenciaron mi pensamiento acerca de Bitcoin y los temas que este toca. Son demasiados para mencionarlos a todos, pero haré lo posible por nombrar algunos.

. Gracias a Arjun Balaji por el tweet que me motivó a escribir esto.
. Gracias a Marty Bent por proporcionar un sinfín de elementos de reflexión y entretenimiento. Si no te has suscrito a Marty's Bent y Los Cuentos de La Cripta, te lo estás perdiendo. Saludos a Matt y Marty por guiarnos a través de la madriguera del conejo.
. Gracias a Michael Goldstein y a Pierre Rochard por organizar y proporcionar la mejor literatura sobre Bitcoin a través del Instituto Nakamoto. Y gracias por crear el Podcast Noded, el cual influyó sustancialmente mis puntos de vista filosóficos acerca deBitcoin.
. Gracias a Saifedean Ammous por sus convicciones, sus tweets salvajes, y por escribir The Bitcoin Standard.
. Gracias a Francis Pouliot por compartir su entusiasmo al conocer la cadena de tiempo.
. Gracias a Andreas M. Antonopoulos por todo el material educativo que ha publicado a lo largo de los años.
. Gracias a Peter McCormack por sus tweets honestos y su podcast What Bitcoin Did, el cual continúa proveyendo de grandes reflexiones desde muchas áreas del ámbito.
. Gracias a Jannik, Brandon, Matt, Camilo, Daniel, Michael, y a Raphael por aportar sus comentarios sobre los primeros borradores de algunas lecciones.
. Un agradecimiento especial a Jannik, que corrigió varias veces los borradores.
. Gracias a Dhruv Bansal y Matt Odell por tomarse el tiempo de discutir algunas de estas ideas conmigo.
. Gracias a Guy Swann por producir una versión de audio de 21 lecciones.com.
. Gracias a Friar Hass por su apoyo espiritual y guía, y por tomarse el tiempo de escribir un prólogo para este libro.
. Gracias a mi esposa por aguantarme a mí y a mi naturaleza obsesiva.

. Gracias a mi familia por apoyarme tanto en los buenos tiempos como en los malos.

. Por último, pero no menos importante, gracias a todos los maximalistas de Bitcoin, a los minimalistas de shitcoins, a los cómplices, a los bots, y a los shitposters que residen en el hermoso jardín que es el twitter de Bitcoin.

Y por último, gracias a ti por leer esto. Espero que lo hayas disfrutado tanto como yo disfruté escribiéndolo.

Lista de Ilustraciones

0.1 *
0.2 Monjes ciegos examinando el Toro Bitcoin.
7.1 La madriguera de Bitcoin no tiene fondo.
9.1 Hiperinflación en la República de Weimar (1921–1923)
12.1 fiat – 'Que se produzca'
12.2 Moneda electrum Lidia. Imagen cc-by-sa Classical Numismatic Group, Inc.
12.3 Monedas de plata recortadas de diversa gravedad.
12.4 El 'dólar' original. San Joaquín aparece con su túnica y su sombrero de mago. Imagen cc-by-sa Wikipedia user Berlin-George
12.5 Un dólar USA de plata de 1928. 'Pagable al portador' Imagen cc-by-sa National Numismatic Collection at Smithsonian Institution.
12.6 Un certificado de oro por $100 USA de 1928. Imagen cc-by-sa National Numismatic Collection, National Museum of American History.
12.7 Un billete de veinte dólares USA de la serie 2004 usado actualmente. 'ESTE BILLETE ES DE CURSO LEGAL'
13.1 El efecto multiplicador del dinero.
13.2 Yellen se opone firmemente a la auditoría de la Fed, mientras que el señor del letrero de Bitcoin está firmemente a favor de comprar bitcoin.
14.1 Fórmula del suministro de Bitcoin.
14.2 El suministro controlado de Bitcoin.
14.3 Relación stock a flujo del oro.
14.4 Visualización del stock y flujo para USD, oro, y Bitcoin.
14.5 El aumento de la relación entre el stock y el flujo de bitcoin en comparación con el oro.
15.1 Aproximadamente hace 1 trillón de segundos. Fuente: xkcd 1225
15.2 Ilustración de la seguridad de SHA-256. Gráfica original de Grant Sanderson aka 3 Blue 1 Brown.
15.3 Ataque con llave de perico de $5. Fuente: xkcd 538
15.4 Ejemplos de curvas elípticas. Gráfica cc-by-sa Emmanuel Boutet.
16.1 Extracto del texto de Ken Thompson 'Reflexiones Sobre la Confianza'
16.2 Troyanos de Hardware Sigilosos de Nivel Dopante por Becker, Regazzoni, Paar, Burleson.
16.3 ¿Qué fue primero, el huevo o la gallina?
17.1 Extractos del whitepaper. ¿Alguien dijo cadena de tiempo?
19.1 No soy Dorian Nakamoto.

20.1 Extractos del código de Bitcoin versión 0.1
21.1 Bitcoin es prácticamente fuera de serie.
21.2 Teléfono celular, ca 1965 vs. 2019.
21.3 El internet, 1982 vs. 2005. Fuente: cc-by Merit Network, Inc. and Barrett Lyon, Opte Project.
21.4 Hal Finney fue el autor del primer tweet que mencionaba a Bitcoin en Enero del 2009.
21.5 El Lightning Network, Enero 2018 vs. Diciembre 2018 Fuente: Jameson Lopp.

Sobre la Bibliografía

Hoy en día, una gran cantidad de libros se han publicado acerca de Bitcoin. Sin embargo, gran parte de la conversación – y por lo tanto la mayoría de los recursos de interés – se dan en línea.

La siguiente bibliografía enumera libros, documentos, y también recursos en línea. Si el recurso tiene una URL asociada a este, la URL estaba viva y funcionando en Octubre del 2019, puesto que yo pude exitosamente acceder al recurso en cuestión. Si cualquiera de las siguientes URLs se dirigen a una página inactiva, los siento mucho. Por favor déjenme saberlo[99] para que yo pueda actualizar el enlace(s).

P.D: Bitcoin y IPFS solucionan esto.

---

[99] https://dergigi.com/contact

Bibliografía

[1] Saifedean Ammous. *Presentation on The Bitcoin Standard*.
https://www.bayernlb.de/internet/media/de/ir/downloads_1/bayernlb_research/sonderpublikationen_1/bitcoin_munich_may_28.pdf.

[2] Saifedean Ammous. *The Bitcoin Standard: The Decentralized Alternative to Central
Banking*. Wiley, 2017. isbn: 9781119473862.

[3] Anonymous 4chan Poster et al. *A lower bound on the length of the shortest superpattern*.
https://oeis.org/A180632/a180632.pdf. Oct. 2018.

[4] Andreas M Antonopoulos. *Mastering Bitcoin: Programming the Open Blockchain "*.
O'Reilly Media, Inc.", 2014.

[5] Julian Assange. *Cypherpunks: Freedom and the Future of the Internet – Introduction:
A call to cryptographic arms*.
https://cryptome.org/2012/12/assange-crypto-arms.htm. Dec.2012

[6] United Nations General Assembly. *The Universal Declaration of Human Rights*.
Dec. 1948.

[7] Beautyon. *Bitcoin is. And that is enough*.
https://hackernoon.com/bitcoin-is-and-that-is-enough-e3116870eed1. Oct. 2019.

[8] Beautyon. *Why America Can't Regulate Bitcoin*. https://hackernoon.com/why-america-cant-regulate-bitcoin-8c77cee8d794. Mar. 2018.

[9] Georg T Becker et al. "Stealthy dopant-level hardware trojans". In: *International Workshop on Cryptographic Hardware and Embedded Systems*. Springer. 2013, pp. 197–204

[10] Marty Bent. Tales from the Crypt – a podcast about Bitcoin. https://tftc.io/tales-from-the-crypt/. 2017.

[11] Jeff Bezos. *To our shareholders*. http://media.corporate-ir.net/media_files/irol/97/97664/reports/Shareholderletter97.pdf 1997.

[12] Bitcoin Wiki contributors. *Block hashing algorithm – Bitcoin Wiki*. https://en.bitcoin.it/w/index.php? 2019

[13] Bitcoin Wiki contributors. *Controlled supply – Bitcoin Wiki*. https://en.bitcoin.it/w/index.php?title=Controlled_supply&oldid=66483. 2019.

[14] Bitcoin Wiki contributors. *Genesis block – Bitcoin Wiki*. https://en.bitcoin.it/w/index.php?title=Segregated_Witness&oldid=66902. 2019.

[15] Bitcoin Wiki contributors. *Pay to script hash — Bitcoin Wiki*.

https://en.bitcoin.it/w/index.php?title=Pay_to_script_hash&oldid=64705. 2019.

[16] Bitcoin Wiki contributors. *Segregated Witness – Bitcoin Wiki*. https://en.bitcoin.it/w/index.php?title=Segregated_Witness&oldid=66902. 2019.

[17] Godfrey Bloom. *Why the whole banking system is a scam*. https://youtu.be/hYzX3YZoMrs. May 2013.

[18] Giannina Braschi. *Empire of Dreams*. AmazonCrossing, 2011.

[19] Nic Carter. *Bitcoin's Existential Crisis. What is it like to be a bitcoin?* https://medium.com/s/story/what-is-it-like-to-be-a-bitcoin-56109f3e6753. Nov. 2018.

[20] Guix Contributors. *Guix — Bootstrapping*. https://guix.gnu.org/manual/en/html_node/Bootstrapping.html. 2019.

[21] Daniel C Dennett and Douglas R Hofstadter. *The mind's I: fantasies and reflections on self and soul*. Harvester Press, 1981.

[22] Jeff Desjardins. *The Rising Speed of Technological Adoption*. https://www.visualcapitalist.com/rising-speed-technological-adoption/. Feb. 2017.

[23] Peter Diamandis. *Abundance : the future is better than you think*. New York: Free Press, 2012. isbn: 1451614217.

[24] Dunny. *I've learned more about finance, economics, technology, cryptography, human psychology, politics, game theory, legislation, and myself in the last three months of crypto than the last three and a half years of college.* https://twitter.com/BitcoinDunny/status/935330541263519745. Nov. 2017.

[25] epii. *New bitcoin logo.* https://bitcointalk.org/index.php?topic=4994.msg140770\#msg140770. May 2011.

[26] Electronic Frontier Foundation. *The Crypto Wars: Governments Working to Undermine Encryption.* https://www.eff.org/files/2014/01/03/ 2018.

[27] Susannah Fox and Lee Rainie. *How the internet has woven itself into American life.* https://pewrsr.ch/32M7Qmg. Feb. 2014.

[28] William Gibson. *The Science in Science Fiction.* https://www.npr.org/2018/10/22/1067220/the-science-in-science-fiction. Oct. 2018.

[29] Gigi. Bitcoin's Energy Consumption – *A shift in perspective.* https://dergigi.com/2018/06/10/bitcoin-s-energy-consumption/ June 2018.

[30] Gigi. *The Magic Dust of Cryptography – How digital information is changing our society Bitcoin's Gravity.* https://dergigi.com/2018/08/17/the-magic-dust-of-cryptography/

Aug. 2018.

[31] Gregory Maxwell. *Taproot: Privacy preserving switchable scripting*. [bitcoin-dev] Taproot: Privacy preserving switchable scripting. 2018.

[32] Hasu. *Unpacking Bitcoin's Social Contract*. *Unpacking Bitcoin's Social Contract – Uncommon Core by Su Zhu and Hasu* Dec. 2018

[33] Friedrich August Hayek. *1980s Unemployment and the Unions: Essays on the Impotent Price Structure of Britain and Monopoly in the Labor Market. Institute of Economic Affairs*, 1984. isbn: 9780255361736.

[34] Friedrich August Hayek. The Collected Works of F.A. Hayek, Volume 6, Good . *Money, Part II*. Routledge, 1999. isbn: 9781135630966

[35] Henry Hazlitt. *Economics in One Lesson*. https://mises.org/library/economics-one-lesson Ludwig Von Mises Institute, 1946.

isbn: 0517548232.

[36] Dan Held. *Bitcoin's Distribution was Fair*. https://medium.com/search?q=Dan+Held,+Bitcoin%27s+distribution+was+fair 2018.

[37] Eric Hughes. *A Cypherpunk's Manifesto*.

https://activism.net/cypherpunk/manifesto.html. Mar. 1993.

[38]
Guido Jörg Hülsmann. *Ethics of Money Production*.
https://mises.org/library/ethics-money-production: Ludwig Von Mises Institute,
2008.

[39]
Robert Kiyosaki. *Why the Rich are Getting Richer*.
https://youtu.be/abMQhaMdQu0. July 2016.

[40]
Kaspersky Lab. *From festive fun to password panic: Managing money online this
Christmas*. https://www.kaspersky.com/blog/money-report-2018/.
2018.

[41]
Jameson Lopp. *No one has found the bottom of the Bitcoin rabbit hole*.
https:/twitter.com/lopp/status/1061415918616698881.Nov. 2018.

[42]
Margo Rapport. *History Shows Price of an Ounce of Gold Equals Price of a Decent Men's Suit, Says Sionna Investment Managers*. https://www.businesswire.com/news/home/20110819005774/en/History-Shows-Price-Ounce-Gold-Equals-Price. 2011.

[43]
Trace Mayer. *The 7 Network Effects of Bitcoin*.
https://www.thrivenotes.com/the-7-network-effects-of-bitcoin/.
Jan. 2016.

[44]
Ralph C. Merkle. DAOs, *Democracy and Governance*.
https://alcor.org/cryonics/Cryonics2016-4.pdf\#page=28. July 2016.

[45] Fiat Minimalist. *Isn't it ironic that Bitcoin has taught me more about money than all
these years I've spent working for financial institutions?* https://twitter.com/fiatminimalist/status/1072880815661436928. Dec. 2018

[46] The Austrian Mint. Gold: *The Extraordinary Metal.* https://www.muenzeoesterreich.at/eng/discover/for-investors/gold-the-extraordinary-metal. Nov. 2017.

[47] Ludwig von Mises. *Human Action.* https://mises.org/library/human-action-0/html/p/607: Ludwig von Mises Institute,
1949. isbn: 9780865976313.

[48] British Museum. *The origins of coinage.* https://www.britishmuseum.org/explore/themes/money/the_origins_of_coinage.aspx. 2007.

[49] Satoshi Nakamoto. *Bitcoin open source implementation of P2P currency.* http://p2pfoundation.ning.com/forum/topics/bitcoin-open-source?commentId=2003008\%3AComment\%3A9562. Feb. 2009.

[50] Satoshi Nakamoto. *Bitcoin open source implementation of P2P currency.* http://p2pfoundation.ning.com/m/discussion?id=2003008%3ATopic%3A9402
Feb. 2009.

[51] Satoshi Nakamoto. *"Bitcoin: A Peer-to-Peer Electronic Cash System".* In: (Oct. 2008).

[52]

Satoshi Nakamoto. *Dealing with SHA-256 Collisions*. https://bitcointalk.org/index.php?topic=191.msg1585\#msg1585. June 2010.

[53]
Satoshi Nakamoto. *Re: 0.3 almost ready*. https://bitcointalk.org/index.php?topic=199.msg1670\#msg1670. June 2010.

[54]
Satoshi Nakamoto. *Re: Bitcoin open source implementation of P2P currency*. http://p2pfoundation.ning.com/m/discussion?id=2003008%3ATopic%3A9402. Feb. 2009.

[55]
Satoshi Nakamoto. *Re: Bitcoin P2P e-cash paper*. https://www.metzdowd.com/pipermail/cryptography/2008-November/014832.html Nov. 2008.

[56]
Satoshi Nakamoto. Re: *Questions about Bitcoin*. https://bitcointalk.org/index.php?topic=13.msg46\#msg46. Dec. 2009.

[57]
Satoshi Nakamoto. Re: *Transactions and Scripts: DUP HASH160 ... EQUALVERIFY CHECKSIG*. https://bitcointalk.org/index.php?topic=195.msg1611\#msg1611. June 2010.

[58]
Ron Paul. *End the Fed*. http://endthefed.org/books/: Grand Central Publishing, 2009. isbn: 9780446549196.

[59]
Jordan Pearson. *Inside the World of the Bitcoin Carnivores: Why a small community of Bitcoin users are eating meat exclusively*. https://www.vice.com/en/article/ne74nw/inside-the-world-of-the-bitcoin-carnivores

Sept. 2017.

[60] Pieter Wuille. *Schnorr Signatures for secp256k1*. https://github.com/sipa/bips/blob/bip-schnorr/bip-schnorr.mediawiki. 2019.

[61] Plato. *Plato in Twelve Volumes, Vol. 3. (Euthydemus section 304a/304b)*. http://www.perseus.tufts.edu/hopper/text?doc=Perseus\%3Atext\%3A1999.01.0178\%3Atext\%3DEuthyd.\%3Asection\%3D304a: Harvard University Press, 2017. isbn: 9780674991835.

[62] Federal Reserve. *Money Stock Measures – Discontinuance of M3*. https://www.federalreserve.gov/Releases/h6/discm3.htm. 2005.

[63] Perry J. Roets. "Bernard W. Dempsey, S.J." In: *Review of Social Economy* 49.4 (1991),
pp. 546–558.

[64] Carl Sagan. *Cosmos*. Random House, 1980. isbn: 9780345539434.

[65] Bruce Schneier. *Applied Cryptography: Protocols, Algorithms and Source Code in C*.
John Wiley and Sons, 2017. isbn: 9781119439028.

[66] Bruce Schneier. *Schneier on Security*. https://www.schneier.com/ 2019.

[67] Edward Snowden. *Edward Snowden: NSA whistleblower answers reader questions*.
https://www.theguardian.com/world/2013/jun/17/edward-snowden-nsa-files-whistleblower

[68]
 Jimmy Song. *Why Bitcoin is Different.* https://jimmysong.medium.com/why-bitcoin-is-different-e17b813fd947

[69]
 U.S. Geological Survey. *National Minerals Information Center – Mineral Commodity
 Summaries.*
 https://www.usgs.gov/centers/national-minerals-information-center/mineral-commodity-summaries. 2019.

[70]
Nick Szabo. *Shelling Out: The Origins of Money.* https://nakamotoinstitute.org/shelling-out/. 2002.

[71]
 K. Thompson. *"Reflections on trusting trust". In: ACM Turing award lectures.* 2007,
 p. 1983.

[72]
 Tom Elvis Jedusor. *MimbleWimble Origin.* https://github.com/mimblewimble/docs/wiki/MimbleWimble-Origin

[73]
 Grisha Trubetskoy. *Blockchain Proof-of-Work Is a Decentralized Clock.* https://grisha.org/blog/2018/01/23/explaining-proof-of-work/. 2018.

[74]
 Peter Van Valkenburgh. *Coin Center's Peter Van Valkenburg on Preserving the Freedom
 to Innovate with Public Blockchains.* Ed. by Peter McCormack. http://bit.ly/valkenburgh. Nov. 2018.

[75]
 Wikipedia contributors. *2013–present economic crisis in Venezuela — Wikipedia, The
 Free Encyclopedia.*

https://en.wikipedia.org/w/index.php?title=2013-present_economic_crisis_in_Venezuela&oldid=918242758. 2019.

[76] Wikipedia contributors. *Austrian School — Wikipedia, The Free Encyclopedia*. https://en.wikipedia.org/w/index.php?title=Austrian_School&oldid=920008469. 2019.

[77] Wikipedia contributors. *Bimetallism — Wikipedia, The Free Encyclopedia*. https://en.wikipedia.org/w/index.php?title=Bimetallism&oldid=920537299. 2019.

[78] Wikipedia contributors. *Crypto Wars — Wikipedia, The Free Encyclopedia*. https://en.wikipedia.org/w/index.php?title=Crypto_Wars&oldid=916147143. 2019.

[79] Wikipedia contributors. *Discrete logarithm — Wikipedia, The Free Encyclopedia*. https://en.wikipedia.org/w/index.php?title=Discrete_logarithm&oldid=909625575. 2019.

[80] Wikipedia contributors. *Dual EC DRBG — Wikipedia, The Free Encyclopedia*. https://en.m.wikipedia.org/w/index.php?oldid;=919881690&title=Keynesian_economics

[81] Wikipedia contributors. Dyson sphere — Wikipedia, The Free Encyclopedia. https://en.m.wikipedia.org/w/index.php?oldid;=916621053&title=Dyson_sphere

[82]

Wikipedia contributors. Elliptic-curve cryptography — Wikipedia, The Free Encyclopedia. https://en.wikipedia.org/w/index.php?title=Elliptic-curve_cryptography&oldid=916608234, 2019.

[83] Wikipedia contributors. *Hyperinflation — Wikipedia, The Free Encyclopedia.* https://en.wikipedia.org/w/index.php?title=Hyperinflation&oldid=919343724, 2019.

[84] Wikipedia contributors. *Illegal number — Wikipedia, The Free Encyclopedia.* https://en.wikipedia.org/w/index.php?title=Illegal_number&oldid=918772989, 2019.

[85] Wikipedia contributors. *Illegal prime — Wikipedia, The Free Encyclopedia.* https://en.wikipedia.org/w/index.php?title=Illegal_prime&oldid=913087454, 2019.

[86] Wikipedia contributors. *Keynesian economics — Wikipedia, The Free Encyclopedia.* https://en.wikipedia.org/w/index.php?title=Keynesian_economics&oldid=919881690, 2019.

[87] Wikipedia contributors. *Landauer's principle — Wikipedia, The Free Encyclopedia.* https://en.wikipedia.org/w/index.php?title=Landauer's_principle&oldid=907333330, 2019.

[88] Wikipedia contributors. *Last Glacial Maximum — Wikipedia, The Free Encyclopedia.* https://en.wikipedia.org/w/index.php?title=Last_Glacial_Maximum&oldid=919510280, 2019.

[89] Wikipedia contributors. *Lindy effect — Wikipedia, The Free Encyclopedia.* https://en.wikipedia.org/w/index.php?title=Lindy_effect&oldid=921214819, 2019.

[90] Wikipedia contributors. *List of currencies — Wikipedia, The Free Encyclopedia*. https://en.wikipedia.org/w/index.php?title=List_of_currencies&oldid=897955050. 2019.

[91] Wikipedia contributors. *List of historical currencies — Wikipedia, The Free Encyclopedia*. https://en.wikipedia.org/w/index.php?title=List_of_historical_currencies&oldid=919919705. 2019.

[92] Wikipedia contributors. *Methods of coin debasement — Wikipedia, The Free Encyclopedia*. https://en.wikipedia.org/w/index.php?title=Methods_of_coin_debasement&oldid=917940627. 2019.

[93] Wikipedia contributors. *Money multiplier — Wikipedia, The Free Encyclopedia*. https://en.wikipedia.org/w/index.php?title=Money_multiplier&oldid=918027413. 2019.

[94] Wikipedia contributors. Money supply — *Wikipedia, The Free Encyclopedia*. https://en.wikipedia.org/w/index.php?title=Money_supply&oldid=921152289. 2019.

[95] Wikipedia contributors. *P versus NP problem — Wikipedia, The Free Encyclopedia*. https://en.wikipedia.org/w/index.php?title=P_versus_NP_problem&oldid=919882161. 2019.

[96] Wikipedia contributors. *Paradox of value — Wikipedia, The Free Encyclopedia*. https://en.wikipedia.org/w/index.php?title=Paradox_of_value&oldid=906068208. 2019.

[97] Wikipedia contributors. *SHA-2 — Wikipedia, The Free Encyclopedia*. https://en.wikipedia.org/w/index.php?title=SHA-2&oldid=917408454. 2019.

[98]

Wikipedia contributors. *Ship of Theseus — Wikipedia, The Free Encyclopedia*. https://en.wikipedia.org/w/index.php?title=Ship_of_Theseus&oldid=923020256. 2019.

[99] Wikipedia contributors. *Silver certificate (United States) — Wikipedia, The Free Encyclopedia*. https://en.wikipedia.org/w/index.php?title=Silver_certificate_(United_States)&oldid=917688197. 2019.

[100] Wikipedia contributors. *Subjective theory of value — Wikipedia, The Free Encyclopedia*. https://en.wikipedia.org/w/index.php?title=Subjective_theory_of_value&oldid=893004286. 2019.

[101] Wikipedia contributors. *Thaler — Wikipedia, The Free Encyclopedia*. https://en.wikipedia.org/w/index.php?title=Thaler&oldid=914457345. 2019.

[102] Wikipedia contributors. *Theory of value (economics) — Wikipedia, The Free Encyclopedia*. https://en.wikipedia.org/w/index.php?title=Theory_of_value_(economics)&oldid=919603374. 2019.

[103] Wilma Woo. *'Unfairly Cheap' Lightning Network Mainnet Hits 40 Nodes, 60 Channels*. https://bitcoinist.com/bitcoin-lightning-network-mainnet-nodes/. Jan. 2018.

Notas

1 https://creativecommons.org/licenses/by-sa/4.0

2 La razón por la que estoy escribiendo estas palabras (de la edición original) en Inglés, es porque mi cerebro funciona de manera misteriosa. Cada vez que surge algo técnico, cambia al modo de Inglés.

3 Beautyon, *Bitcoin is. And that is enough* [7].

4 The orange pill.

5 Hasu, Unpacking Bitcoin's Social Contract [32]

6 Tales From the Crypt [10]
    7 BitcoinTalk forum post: 'Re: Transactions and Scripts…' [57]

8 DAOs, Democracy and Governance [44]

9 Inside the World of the Bitcoin Carnivores [59]

10 Presentation on The Bitcoin Standard [1]

11 Daniel Dennett, Where Am I? [21]

12 Peter Van Valkenburgh on the What Bitcoin Did podcast, episode 49 [74]

13 The Magic Dust of Cryptography: How digital information is changing our society [30]

14 In the metaphysics of identity, the ship of Theseus is a thought experiment that raises the question of whether an object that has had all of its components replaced remains fundamentally the same object [98]

    15 Nic Carter, What is it like to be a bitcoin? [19]

16 Jimmy Song, Why Bitcoin is Different [68]

17 The Austrian Mint, Gold: The Extraordinary Metal [46]

18 The Crypto Wars is an unofficial name for the U.S. and allied governments' attempts to undermine encryption [26] [78]

19 An illegal number is a number that represents information which is illegal to possess, utter, propagate, or otherwise transmit in some legal jurisdiction [84]

20 An illegal prime is a prime number that represents information whose possession or distribution is forbidden in some legal jurisdictions. One of the first illegal primes was found in 2001. When interpreted in a particular way, it describes a computer program that bypasses the digital rights management scheme used on DVDs. Distribution of such a

program in the United States is illegal under the Digital Millennium Copyright Act. An illegal prime is a kind of illegal number [85]

21 Beautyon, Why America can't regulate Bitcoin [8]

22 Jameson Lopp, tweet from Nov 11, 2018 [41]

23 https://www.usdebtclock.org/

24 Aaron (@aarontaycc, @fiatminimalist), tweet from Dec. 12, 2018 [45]

25 Dunny (@BitcoinDunny), tweet from Nov. 28, 2017 [24]

26 See http://bit.ly/btc-learned for more confessions on twitter.

27 Ludwig von Mises, Human Action [47]

28 Robert Kiyosaki, Why the Rich are Getting Richer[39]

29 http://bit.ly/btc-wizardry

30 https://github.com/bitcoin/bitcoin

31 Henry Hazlitt, Economics in One Lesson [35]

32 https://en.wikipedia.org/wiki/Hyperinflation [83]
33 Friedrich Hayek, 1980s Unemployment and the Unions [33]

34 Friedrich Hayek, Good Money [34]

35 See List of historical currencies on Wikipedia. [91]

36 See List of currencies on Wikipedia [90]

37 Saifedean Ammous, The Bitcoin Standard [2]

38 Gigi, Bitcoin's Energy Consumption – A shift in perspective [29]

39 History shows that the price of an ounce of gold equals the price of a decent men's suit, according to Sionna investment managers [42]

40 See Theory of value (economics) on Wikipedia [102]

41 Plato, Euthydemus [61]

42 See Paradox of value on Wikipedia [96]

43 See Subjective theory of value on Wikipedia [100]

44 http://unenumerated.blogspot.com/

45 Satoshi Nakamoto, in a reply to Sepp Hasslberger [49]

46 Ron Paul, End the Fed [58]

47 According to the Greek historian Herodotus, writing in the fifth century BC, the Lydians were the first people to have used gold and silver coinage [48]

48 Besides clipping, sweating (shaking the coins in a bag and collecting the dust worn off) and plugging (punching a hole in the middle and hammering the coin flat to close the hole) were the most prominent methods of coin debasement [92]

49 Joint debate on the banking union [17]

50 Theories according to John Maynard Keynes and his disciples [86]

51 School of economic thought based on methodological individualism [76]

52 Perry J. Roets, S.J., Review of Social Economy [63]

53 Jörg Guido Hülsmann, The Ethics of Money Production [38]

54 https://bit.ly/gold-pools

55 It actually depends on how quickly valid blocks are found, but for our purposes, this is the same thing as "mining bitcoins" and will be so for the next 120 years.

56 Dan Held, Bitcoin's Distribution was Fair [36]

57 One trillion seconds (1012) was 31710 years ago. The Last Glacial Maximum was 33,000 years ago [88]

58 SHA-256 is part of the SHA-2 family of cryptographic hash functions developed by the NSA [97]

59 Bitcoin uses SHA–256 in its block hashing algorithm [12]

60 Satoshi Nakamoto, in a reply to questions about SHA–256 collisions [52]

61 Watch the video at https://youtu.be/S9JGmA5_unY

62 A Dyson sphere is a hypothetical megastructure that completely encompasses a star and captures a large percentage of its power output [81]

63 Bruce Schneier, Applied Cryptography [65]

64 Julian Assange, A Call to Cryptographic Arms [5]

65 Vires in Numeris was first proposed as a Bitcoin motto by the bitcointalk user epii [25]

66 Satoshi Nakamoto, official Bitcoin announcement [50] and whitepaper [51]

67 Satoshi Nakamoto, the Bitcoin whitepaper [51]

68 Carl Sagan, Cosmos [64]

69 https://gitian.org/

70 https://guix.gnu.org

71 See PR 15277 of bitcoin–core: https://github.com/bitcoin/bitcoin/pull/15277

72 https://glacierprotocol.org/

73 Satoshi Nakamoto, the Bitcoin whitepaper [51]

74 Satoshi Nakamoto, in a reply to Sepp Hasslberger [54]

75 Satoshi Nakamoto, in a reply to Gavin Andresen [54]

76 Pay to script hash (P2SH) transactions were standardized in BIP 16. They allow transactions to be sent to a script hash (address starting with 3) instead of a public key hash (addresses starting with 1) [15]

77 Segregated Witness (abbreviated as SegWit) is an implemented protocol upgrade intended to provide protection from transaction malleability and increase block capacity. SegWit separates the witness from the list of inputs [16]

78 https://lightning.network/

79 Satoshi Nakamoto, in a reply to SmokeTooMuch [56]

80 https://bit.ly/privacy-is-dead

81 Edward Snowden, answers to reader questions [67]

82 Universal Declaration of Human Rights, Article 12 [6]

83 Ludwig von Mises, Human Action [47]

84 Eric Hughes, A Cypherpunk's Manifesto [37]

85 "We shouldn't delay forever until every possible feature is done". – Satoshi Nakamoto [53]

86 Satoshi Nakamoto, Re: Bitcoin P2P e-cash paper [55]

87 https://ourworldindata.org/

88 Trace Mayer, The Seven Network Effects of Bitcoin [43]

89 http://bit.ly/bezos-web

90 This is known as the Lindy Effect. The Lindy effect is a theory that the future life expectancy of some non-perishable things like a

technology or an idea is proportional to their current age, so that every additional period of survival implies a longer remaining life expectancy [89]

91 https://youtu.be/UlJku_CSyNg

92 https://twitter.com/hashtag/stackingsats

93 William Gibson, The Science in Science Fiction [28]

94 The genesis block is the first block of the Bitcoin block chain. Modern versions of Bitcoin number it as block 0, though very early versions counted it as block 1. The genesis block is usually hardcoded into the software of the applications that utilize the Bitcoin block chain. It is a special case in that it does not reference a previous block and produces an unspendable subsidy. The coinbase parameter contains, along with the normal data, the following text: "The Times 03/Jan/2009 Chancellor on brink of second bailout for banks" [14]

95 https://bit.ly/luke-nodecount

96 Giannina Braschi, Empire of Dreams [18]

97 Friedrich Hayek on Monetary Policy, the Gold Standard, Deficits, Inflation, and John Maynard Keynes https://youtu.be/EYhEDxFwFRU

98 https://twitter.com/dergigi

99 https://dergigi.com/contact

Traducido al Español por
Fanny Santos Torres

www.ingramcontent.com/pod-product-compliance
Lightning Source LLC
Chambersburg PA
CBHW050008230526
45465CB00003BB/1322